Einführung

in die

energetische Baustatik

Einiges über die physikalischen
Grundlagen der energetischen Festigkeitslehre

von

Carl Kriemler

Professor der Technischen Mechanik an der K. Technischen Hochschule
zu Stuttgart

Mit 18 Textfiguren

Berlin
Verlag von Julius Springer
1911

Druck der Spamerschen Buchdruckerei, Leipzig.

Vorwort.

Diese Abhandlung ist dazu bestimmt, als Einleitung zu den vorhandenen Lehrbüchern zu dienen, die statische Aufgaben durch Arbeitsgleichungen lösen. Zwischen den Lehrbüchern, welche, sei es die technische, sei es die rationelle, Mechanik behandeln, und den oben erwähnten Lehrbüchern ist bisher in der technischen Literatur eine Lücke vorhanden gewesen; die Mechanik im üblichen Sinne kennt nur Ort und Zeit, oder energetisch gesprochen Arbeit und lebendige Kraft, die Baustatik kennt aber bisher nur Ort und fühlbare Wärme, oder energetisch gesprochen sogar nur Arbeit, insofern als die Wärmeänderungen durch die den Temperaturen entsprechenden Ortsänderungen gemessen werden. In der theoretischen Physik ist das Zwischengebiet natürlich vorhanden, aber nicht in der Sprache und mit den Einzelheiten, die in der vorgeschritteneren technischen Mechanik üblich und erforderlich sind.

An Vorkenntnissen werden nur die elementarsten Teile der Mechanik vorausgesetzt, mathematische Schwierigkeiten sind nicht vorhanden.

Stuttgart im Oktober 1911.

C. Kriemler.

ISBN 978-3-642-50627-7

ISBN 978-3-642-50937-7 (eBook)

DOI10.1007/978-3-642-50937-7

Softcover reprint of the hardcover 1st edition 1911

Erster Teil.

I. Abschnitt.

Die Wärmemenge, die die Temperatur eines Kilogrammes Wasser unter Atmosphärendruck von 15° auf 16° Celsius erhöht, nennt man eine Wärmeeinheit. Wird die Wärmemenge etwa durch Reibung oder durch einen anderen Arbeitsaufwand erzeugt, so muß man eine Arbeit von 424 kgm aufwenden, um eine Wärmeeinheit zu erhalten. Hat man w Wärmeeinheiten, so sind diese w Wärmeeinheiten gleichwertig mit (424 w) kgm oder mit (42 400 w) kgcm. Im folgenden werden alle Wärmemengen durch ihren Arbeitsgleichwert ausgedrückt werden; hat man daher eine Wärmemenge W kgcm, so ist damit gesagt, daß es sich um

$$w = \frac{W}{42\,400} \text{ Wärmeeinheiten handelt.}$$

Die Temperaturen werden in Celsiusgraden gemessen, aber mit einer beliebigen Verschiebung des Nullpunktes; dieser befinde sich um T Grad über dem Gefrierpunkt des Wassers, so daß sich die Temperatur $t°$ um $(t + T)°$ über dem Gefrierpunkt des Wassers befindet.

Hat ein gerader prismatischer Stab im unbelasteten Zustand bei der Temperatur $t° = 0$ die Länge s cm, ist die Größe seines Querschnittes F cm², ist sein Elastizitätsmodul für zunehmende Verformung $E\,\dfrac{\text{kg}}{\text{cm}^2}$, und ist sein Wärmeausdehnungskoeffizient $\dfrac{1}{\omega}$, so hat dieser Stab (Fig. 1) bei der Temperatur $t°$ unter der auf Druck wirkenden Federungskraft S kg die Verkürzung

$$\varDelta s = \frac{s}{EF} S - \frac{s}{\omega} t\,.$$

Man hat sich zu merken, daß ein positives S eine Druckkraft, ein positives Δs eine Verkürzung, ein positives t eine Temperatur über $0°$ bedeutet.

Angenommen, man konstatiere, daß sich S um dS und t um dt vergrößert habe, ist also zu konstatieren, daß die Verkürzung Δs um

$$d\,\Delta s = \frac{s}{EF}\,dS - \frac{s}{\omega}\,dt$$

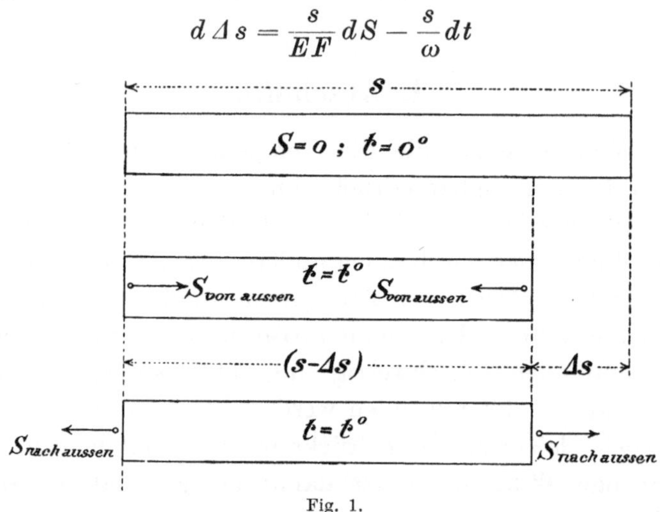

Fig. 1.

zugenommen hat, dann ist jedenfalls dem Stab mechanische Arbeit zugeführt worden durch die von außen wirkenden Kräfte S, deren Angriffspunkte sich im Pfeilsinne der S um $d\,\Delta s$ genähert haben.

Bezeichnet man eine in kgcm gemessene Arbeit, die außerhalb des Stabes aufgewendet ihm zugeführt wird, mit A_{aufg}, wo der Index aufg. als Abkürzung für „aufgewendet" dienen soll, so ist

$$dA_{\text{aufg}} = +S \cdot d\,\Delta s = \frac{s}{EF}\,S \cdot dS - \frac{s}{\omega}\,S \cdot dt\,.$$

Außer der mechanischen Arbeit wird dem Stab aber auch von außen eine Wärmemenge zugeführt worden sein, ihr in kgcm gemessener Arbeitsgleichwert sei

$$d\,W_{\text{aufg}}\,,$$

wo der Index aufg. andeuten soll, daß diese Wärme außerhalb des Stabes „aufgewendet" wird.

Mechanische Arbeit und Wärme, die ja beide die gleiche Einheit kgcm haben, mögen unter der kurzen Bezeichnung „Energie" zusammengefaßt werden. Es entspricht daher der Zunahme der Verkürzung des Stabes um $d \Delta s$ ein von außen gelieferter Aufwand an Energie von der Größe

$$d \,(\text{Aufwand}) = d A_{\text{aufg}} + d W_{\text{aufg}} \,.$$

Wie diese zugeführte Energie in dem Stab angelegt wird, soll erst später untersucht werden.

Der Zusammenhang von $d A_{\text{aufg}}$ mit dS und dt hat sich schon ergeben; das $d W_{\text{aufg}}$ werde willkürlich auf die Form gebracht

$$d W_{\text{aufg}} = k s F (dt - a \cdot dS) \,,$$

so daß es proportional erscheint mit dem Volumen $s F$ cm³ des Stabes und mit der um $a \cdot dS$ verminderten Temperaturerhöhung. Die Berechtigung zu diesem Ansatze läßt sich experimentell nachweisen. Es sind k und a Werte, die für verschiedene S und t verschieden sein können. Aufschluß über die Bedeutung von k ergibt die folgende Untersuchung, während die Bedeutung von a sich erst später wird finden lassen.

Macht man in dem Ausdruck

$$d W_{\text{aufg}} = k s F \cdot dt - k s F a \cdot dS$$

die Substitution[1])

$$k s F \cdot dt = (t + t_0) \, d\eta \,,$$

wo η eine noch unbekannte Funktion von t und S ist, und wo t_0 eine noch beliebige Konstante ist, so ist

$$d\eta = \frac{\partial \eta}{\partial t} dt + \frac{\partial \eta}{\partial S} dS$$

und damit

$$d W_{\text{aufg}} = (t + t_0) \frac{\partial \eta}{\partial t} dt + \left[(t + t_0) \frac{\partial \eta}{\partial S} - k s F a \right] dS \,.$$

Mit Benutzung dieses Ausdruckes erhält man

$$d \,(\text{Aufwand}) = \left[\frac{s}{EF} S + (t + t_0) \frac{\partial \eta}{\partial S} - k s F a \right] dS - \left[\frac{s}{\omega} S - (t + t_0) \frac{\partial \eta}{\partial t} \right] dt \,,$$

---

[1]) Vorbild bei W. Voigt, Thermodynamik § 111 und 112.

— 4 —

oder anders geordnet

$$d(\text{Aufwand}) + ksFa \cdot dS = \left[\frac{s}{EF}S + (t+t_0)\frac{\partial \eta}{\partial S}\right]dS - \left[\frac{s}{\omega}S - (t+t_0)\frac{\partial \eta}{\partial t}\right]dt.$$

Über die unbekannte Funktion η kann man nun so verfügen, daß die rechte Seite der letzten Gleichung ein vollständiges Differential ist; die Bedingung hierzu ist, daß

$$\frac{\partial}{\partial t}\left[\frac{s}{EF}S + (t+t_0)\frac{\partial \eta}{\partial S}\right] = \frac{\partial}{\partial S}\left[-\frac{s}{\omega}S + (t+t_0)\frac{\partial \eta}{\partial t}\right]$$

ist. Es ist aber S von t und t von S unabhängig, weil sie als die unabhängigen Veränderlichen der Aufgabe zu gelten haben, und es soll noch E als von t unabhängig vorausgesetzt werden, daher ist

$$\frac{\partial}{\partial t}\left(\frac{s}{EF}S\right) = 0 \quad \text{und} \quad \frac{\partial}{\partial S}(t+t_0) = 0,$$

und das Kriterium der Integrabilität wird bei den Materialien, für welche ω als von S unabhängig vorausgesetzt werden kann, zu

$$0 + 1 \cdot \frac{\partial \eta}{\partial S} + (t+t_0)\frac{\partial^2 \eta}{\partial t \cdot \partial S} = -\frac{s}{\omega} + 0 \cdot \frac{\partial \eta}{\partial t} + (t+t_0)\frac{\partial^2 \eta}{\partial S \cdot \partial t};$$

bei jeder Funktion von S und t ist aber

$$\frac{\partial^2 \eta}{\partial t \cdot \partial S} = \frac{\partial^2 \eta}{\partial S \cdot \partial t},$$

und es bleibt als Vorschrift zum Zwecke der Erzielung der Integrabilität übrig, daß

$$\frac{\partial \eta}{\partial S} = -\frac{s}{\omega}$$

sein muß.

Da

$$ksF \cdot dt = (t+t_0)\,d\eta$$

gesetzt wurde, so ist

$$ksF = \frac{(t+t_0)\dfrac{\partial \eta}{\partial t}\,dt + (t+t_0)\dfrac{\partial \eta}{\partial S}\,dS}{dt} = (t+t_0)\frac{\partial \eta}{\partial t} + (t+t_0)\frac{\partial \eta}{\partial S}\frac{dS}{dt}.$$

Für $\dfrac{\partial \eta}{\partial S}$ hat man den Wert aber schon gefunden, also ist

$$ksF = (t+t_0)\frac{\partial \eta}{\partial t} - \frac{s(t+t_0)}{\omega}\frac{dS}{dt}.$$

Nun soll als Spezialfall angenommen werden, daß S konstant bleibt, dann ist $dS = 0$, und der zugehörige Wert von k werde mit k_1 bezeichnet, es ist also

$$k_1\, s\, F = (t + t_0)\, \frac{\partial \eta}{\partial t} - 0\, ;$$

vermöge dieser Gleichung läßt sich η aus der Gleichung für $k\, s\, F$ eliminieren, und man hat daher für den allgemeinen Fall

$$k\, s\, F = k_1\, s\, F - \frac{s(t + t_0)}{\omega}\, \frac{dS}{dt}\, ,$$

wo das allgemeine k durch das spezielle k_1 für konstant bleibendes S ausgedrückt erscheint.

Ein weiterer wichtiger Spezialfall ist der, daß die Verkürzung $\varDelta s$ konstant bleibt; ist aber $\varDelta s$ konstant, so ist

$$d\varDelta s = \frac{s}{EF}\, dS - \frac{s}{\omega}\, dt = 0\, ,$$

also ist in diesem Spezialfall

$$\frac{dS}{dt} = \frac{EF}{\omega} = \frac{s}{\omega}\, \frac{EF}{s}$$

vorgeschrieben; bezeichnet man daher das k, das für unveränderte Verkürzung gilt, mit k_2, so ergibt sich

$$k_2\, s\, F = k_1\, s\, F - \left(\frac{s}{\omega}\right)^2 (t + t_0)\, \frac{EF}{s}\, .$$

Man nennt $\begin{Bmatrix} k_1 \\ k_2 \end{Bmatrix}$ die in kgcm pro cm³ ausgedrückte spezifische Wärmeaufnahmefähigkeit des Stabes bei konstanter $\begin{Bmatrix} \text{Stabkraft} \\ \text{Verkürzung} \end{Bmatrix}$ im Zustand S und t.

Für ein beliebiges Verhältnis von dS zu dt hat sich ergeben

$$k\, s\, F \cdot dt = k_1\, s\, F \cdot dt - \frac{s(t + t_0)}{\omega}\, dS = (t + t_0)\, d\eta\, ;$$

da aber

$$d\,(\text{Aufwand}) = dA_{\text{aufg}} + dW_{\text{aufg}}$$

ist, und

$$dW_{\text{aufg}} = k\, s\, F \cdot dt - k\, s\, F\, a \cdot dS$$

ist, so ist

$$d\,(\text{Aufwand}) + k\, s\, F\, a \cdot dS = dA_{\text{aufg}} + k\, s\, F \cdot dt$$

oder

$$\left\| \begin{array}{l} d\,(\text{Aufwand}) + k\,s\,F\,a \cdot dS \\[2mm] = \underbrace{\frac{s}{EF}\,S \cdot dS - \frac{s}{\omega}\,S \cdot dt}_{\text{mechanische Arbeit}} + \underbrace{k_1\,s\,F \cdot dt - \frac{s}{\omega}\,(t + t_0) \cdot dS}_{\text{Wärme}} \,. \end{array} \right.$$

In der ganzen Behandlung ist kein Grund zum Vorschein gekommen, warum dt nicht sollte abgebraisch genommen werden können. Tatsächlich darf dt durch das negative Vorzeichen zu einer Temperaturabnahme gemacht werden. Das dS soll aber stets nur positiv, also eine Druckzunahme sein.

Ehe weiter gegangen wird, soll daran erinnert werden, daß gefunden wurde, daß

$$k_1\,s\,F = (t + t_0)\,\frac{\partial \eta}{\partial t}$$

war, also ist

$$\frac{\partial (k_1\,s\,F)}{\partial S} = (t + t_0)\,\frac{\partial^2 \eta}{\partial S\,\partial t} \,,$$

es ist aber

$$\frac{\partial^2 \eta}{\partial S\,\partial t} = \frac{\partial^2 \eta}{\partial t\,\partial S} = \frac{\partial}{\partial t}\left(\frac{\partial \eta}{\partial S}\right),$$

und es ist schon

$$\frac{\partial \eta}{\partial S} = -\frac{s}{\omega}$$

gefunden worden; wird daher ω nicht nur von S, sondern auch von der Temperatur unabhängig vorausgesetzt, so ist

$$\frac{\partial (k_1\,s\,F)}{\partial S} = 0 \,,$$

d. h. $(k_1\,s\,F)$ ist entweder überhaupt konstant oder höchstens eine Funktion von t, also von S unabhängig.

Schreibt man daher die zuletzt erhaltene Gleichung für $d\,(\text{Aufwand})$ usw. auf die Form um

$$d\,(\text{Aufwand}) + k\,s\,F\,a \cdot dS$$

$$= \frac{s}{EF}\,S \cdot dS - \frac{s}{\omega}\,[S \cdot dt + (t + t_0) \cdot dS] + k_1\,s\,F \cdot dt$$

$$= \frac{s}{EF}\,S \cdot dS - \frac{s}{\omega}\,d[S(t + t_0)] + k_1\,s\,F \cdot dt \,,$$

so ist ersichtlich, daß tatsächlich die rechte Seite ein vollständiges Differential ist bei solchen Materialien, für welche k_1 als von S unabhängig und ω als konstant vorausgesetzt werden darf.

II. Abschnitt.

Die Widerstandsarbeit, die der vorausgesetzte linear elastische Stab der Zusammenpressung auf die Federungskraft S entgegensetzt, also auch die von außen zu leistende verformende Arbeit ist

$$A_{\mathrm{verf}} = \frac{S}{2} \cdot \frac{sS}{EF} = \frac{s}{2EF}\,S^2\,,$$

weil wegen des geradlinigen Ansteigens von S auf dem Verkürzungsweg $\dfrac{sS}{EF}$ der Mittelwert der Federungskraft $\tfrac{1}{2}\,S$ ist. Wird daher S auf $S + dS$ gesteigert, so ist

$$dA_{\mathrm{verf}} = \frac{s}{EF}\,S \cdot dS\,.$$

Die von außen wirkende Kraft S gibt aber an den Stab nur die mechanische Arbeit ab

$$dA_{\mathrm{aufg}} = \frac{s}{EF}\,S \cdot dS - \frac{s}{\omega}\,S \cdot dt\,,$$

also fehlt an dA_{verf} der Betrag

$$dA_{\mathrm{verf}} - dA_{\mathrm{aufg}} = \frac{s}{\omega}\,S \cdot dt\,,$$

welcher Fehlbetrag aus der zugeführten Wärme in mechanische Energie umgesetzt worden sein muß. Daher ist in dem Stab nach geschehener Aufnahme die Gruppierung der Energie die folgende

$$d\,(\text{Aufwand}) + k\,s\,F\,a \cdot dS$$

$$= \underbrace{\frac{s}{EF}\,S \cdot dS}_{\substack{\text{aufgenommene}\\ \text{mech. Arbeit}}} + \underbrace{k_1\,s\,F \cdot dt - \frac{s}{\omega}\,(t + t_0) \cdot dS - \frac{s}{\omega}\,S \cdot dt}_{\text{Wärme}}$$

$$= dA_{\mathrm{verf}} + \left\{ k_1\,s\,F \cdot dt - \frac{s}{\omega}\,(t + t_0) \cdot dS - \frac{s}{\omega}\,S \cdot dt \right\}\,.$$

Nun war im bisherigen das E der Elastizitätsmodul für ausschließlich zunehmende Federungskraft S. Im allgemeinen ist der Elastizitätsmodul für abnehmende Federungskraft verschieden von dem für zunehmende Federungskraft. Trägt man nämlich (Fig. 2) für zu- und abnehmendes $\varDelta's = \varepsilon \cdot s$, worin $\varDelta's$ die nur mechanisch ohne Wärmemitwirkung erzeugte Verkürzung ist, zu jedem

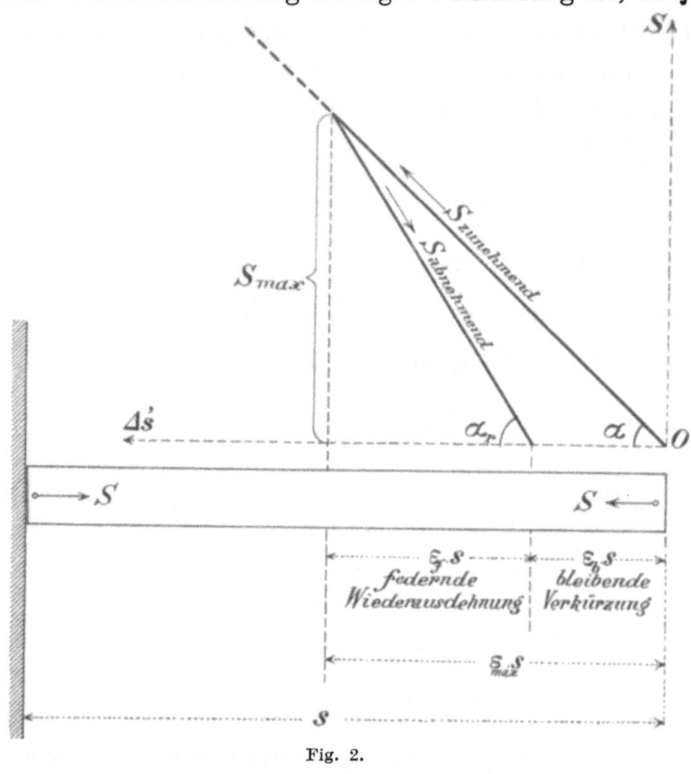

Fig. 2.

$\varDelta's$ als Abszisse die zugehörige Federungskraft S als Ordinate auf, so kehrt die erhaltene Kurve bei $\varDelta's_{\max}$ wieder um, aber sie geht auf einem anderen Wege zurück, hier sei als einfachster Fall auch der zweite Ast der Kurve geradlinig angenommen.

Da $\varDelta's = \varepsilon \cdot s$ ist, so ist $d(\varDelta's) = s \cdot d\varepsilon$.

Aus der Figur ergibt sich doppelt

$$S_{\max} = \varepsilon_{\max} \cdot s \cdot \mathrm{tg}\,\alpha$$

und

$$S_{\max} = \varepsilon_f \cdot s \cdot \mathrm{tg}\,\alpha_r,$$

es ist aber

$$\varepsilon_{\max} = \frac{S_{\max}}{EF},$$

$$\varepsilon_f = \frac{S_{\max}}{E_r F},$$

wenn E_r (r soll „retour" bedeuten) der Elastizitätsmodul für abnehmende S ist. Daher ist

$$\mathrm{tg}\,\alpha = \frac{EF}{s}$$

und

$$\mathrm{tg}\,\alpha_r = \frac{E_r F}{s}.$$

Der Stab hat nach gänzlicher Entlastung auf $S = 0$ seine ursprüngliche Länge nicht wieder erlangt, er bleibt um

$$\varepsilon_b \cdot s = \varepsilon_{\max} \cdot s - \varepsilon_f \cdot s = \frac{s \cdot S_{\max}}{EF} - \frac{s \cdot S_{\max}}{E_r F} = \frac{E_r - E}{E_r}\,\frac{s}{EF}\,S_{\max}$$

verkürzt. Auf keinen Fall ist hier der Vorgang der Belastung von 0 auf $S_{\max}$ mit nachfolgender Entlastung von $S_{\max}$ auf 0 ein u m k e h r b a r e r Prozeß, denn der Ausgangszustand stellt sich nicht wieder her.

Betrachtet man nun (Fig. 3) die Steigerung von S um dS auf $S_{\max} = S + dS$ und daran anschließend die Abnahme um dasselbe dS, so ergibt sich folgendes. Auf dem Hinwege ist die erforderliche mechanische Verformungsarbeit

$$dA_{\mathrm{verf}} = \left(S + \frac{dS}{2}\right) s \cdot d\varepsilon = \left(S + \frac{dS}{2}\right) s\,\frac{dS}{EF},$$

oder mit Vernächlässigung des Gliedes 2. Ordnung

$$dA_{\mathrm{verf}} = \frac{s}{EF}\,S \cdot dS.$$

Auf dem Rückweg wird aber aus dem i n n e r e n Arbeitsvermögen nur die mechanische Federungsarbeit abgegeben

$$dA_i = \left(S + \frac{dS}{2}\right) s \cdot d\varepsilon_f = \left(S + \frac{dS}{2}\right) s\,\frac{dS}{E_r F},$$

oder mit Vernachlässigung des Gliedes 2. Ordnung

$$dA_i = \frac{s}{E_r F}\,S \cdot dS.$$

Von dA_verf ist also nur der Betrag dA_i im Stab mechanisch angelegt, der Rest

$$dA_\text{verf} - dA_i = \frac{E_r - E}{E_r}\, \frac{s}{EF}\, S \cdot dS$$

ist in andere Energieformen umgewandelt worden. Möglicherweise hat dieser Energiebetrag chemische Form angenommen, indem durch einen chemischen Prozeß E in E_r verwandelt wurde,

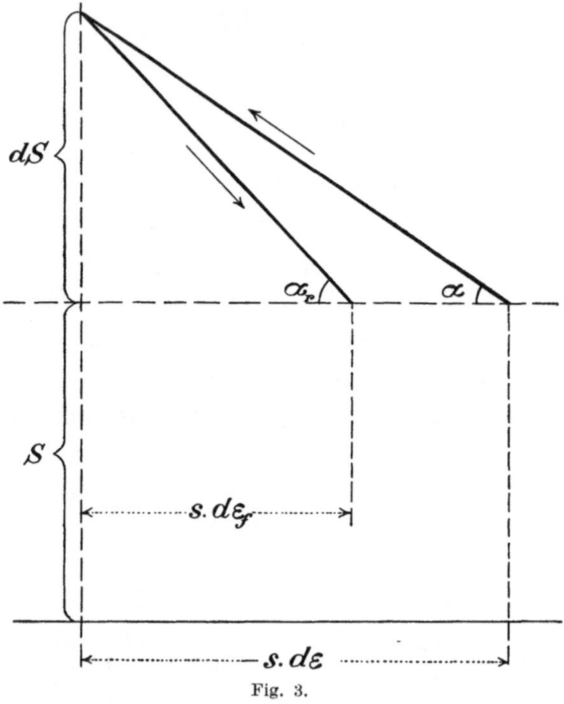

Fig. 3.

möglicherweise ist er „latent“ geworden, indem die Wandlung von E in E_r als Änderung des Aggregatzustandes aufzufassen wäre; bei den hier in Frage kommenden Stoffen ist er aber mit größter Wahrscheinlichkeit dazu verwendet worden, bei der Kompression des Stabes den inneren Reibungswiderstand zu überwinden, den die einzelnen Körner des Stoffes ihrer dichteren Lagerung entgegensetzen. Es soll daher angenommen werden, daß

$$dA_\text{verf} - dA_i = \frac{E_r - E}{E_r}\, \frac{s}{EF}\, S \cdot dS$$

ganz in Wärme umgesetzt worden ist.

Daher ist schließlich

$$d\,(\text{Aufwand}) + k\,s\,F\,a \cdot dS = \underbrace{d\,A_i}_{\substack{\text{disponibles} \\ \text{Federungsvermögen}}}$$

$$+ \underbrace{\left\{ k_1\,s\,F \cdot dt - \frac{s}{\omega}(t + t_0) \cdot dS - \frac{s}{\omega}S \cdot dt + \frac{E_r - E}{E_r}\frac{s}{EF}S \cdot dS \right\}}_{\text{Wärme}}.$$

Bemerkung. Geschieht bei einem Stoffe die Zu- und Abnahme von S nicht geradlinig (Fig. 4), so sind α und α_r die Ansteigungsverhältnisse für das Intervall dS an der Stelle, wo die Ordinate S ist. —

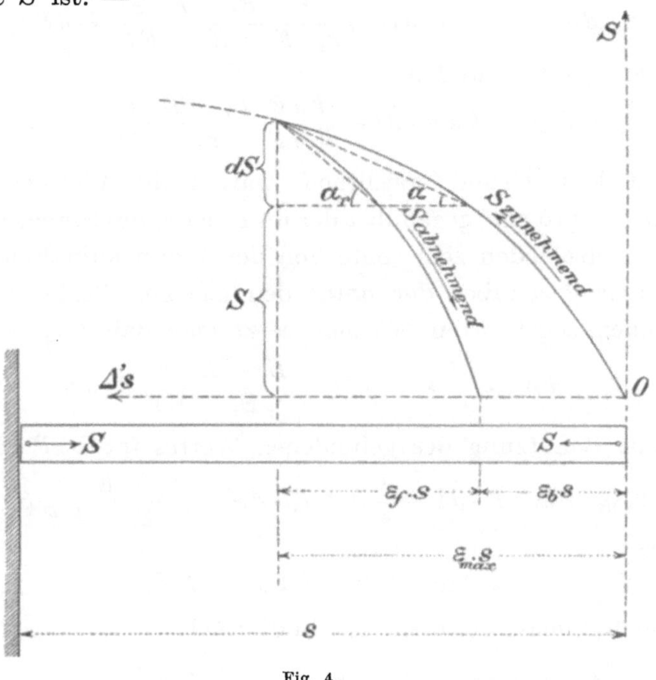

Fig. 4.

Ganz zu Anfang wurde für die von außen aufgewendete Wärmemenge gesetzt

$$d\,W_{\text{aufg}} = k\,s\,F\,(dt - a \cdot dS),$$

also genügte die von außen zugeführte Wärmemenge nur dazu, die Temperatur um

$$d\tau = (dt - a \cdot dS)$$

zu erhöhen. Der Rest

$$(dt - d\tau) = a \cdot dS$$

der Temperaturerhöhung wird eben durch die innere Reibungswärme

$$\frac{E_r - E}{E_r} \frac{s}{EF} S \cdot dS$$

hervorgerufen. Setzt man

$$\frac{E_r - E}{E_r} \frac{s}{EF} S \cdot dS = k_x s F (dt - d\tau) \,,$$

so ist dieser zusätzliche Teil der Temperaturerhöhung

$$(dt - d\tau) = a \cdot dS = \frac{1}{k_x s F} \frac{E_r - E}{E_r} \frac{s}{EF} S \cdot dS \,;$$

man hat somit gefunden

$$d W_{\text{aufg}} = k s F \cdot dt - \frac{k s F}{k_x s F} \frac{E_r - E}{E_r} \frac{s}{EF} S \cdot dS \,.$$

Nun ist kein Grund ersichtlich, warum die Wärmeaufnahmefähigkeit k_x pro cm³ gegenüber der im Inneren des Stabes erzeugten
Wärme verschieden sein sollte von der Wärmeaufnahmefähigkeit
k pro cm³ gegenüber der unter den gleichen Begleitumständen
von außen zugeführten Wärme; setzt man daher $k_x = k$, so ist

$$d W_{\text{aufg}} = k s F \cdot dt - \frac{E_r - E}{E_r} \frac{s}{EF} S \cdot dS$$

oder mit Benutzung des gefundenen Wertes für $k s F \cdot dt$

$$d W_{\text{aufg}} = k_1 s F \cdot dt - \frac{s}{\omega} (t + t_0) \cdot dS - \frac{E_r - E}{E_r} \frac{s}{EF} S \cdot dS \,.$$

Da

$$d\,(\text{Aufwand}) = d A_{\text{aufg}} + d W_{\text{aufg}}$$

war, so hat man nunmehr als Endformel

$$d\,(\text{Aufwand}) = \underbrace{\left\{ \frac{s}{EF} S \cdot dS - \frac{s}{\omega} S \cdot dt \right\}}_{\text{von außen gelieferte mech. Arbeit}}$$

$$+ \underbrace{\left\{ k_1 s F \cdot dt - \frac{s}{\omega} (t + t_0) \cdot dS - \frac{E_r - E}{E_r} \frac{s}{EF} S \cdot dS \right\}}_{\text{von außen gelieferte Wärme}} \,.$$

Das k_1 kann man jederzeit aus folgendem Versuch bestimmen.
Man legt den Stab auf eine vollkommen glatte horizontale Un-

terlage (Fig. 5), stellt das eine Ende fest und rückt an das andere Ende etwa einen Stein vom Gewicht Q, der zu beiden Seiten jener glatten Unterlage so gestützt ist, daß eine horizontale Reibungskraft $S = \mu Q$ entsteht. Dann preßt man den Stab mit dem Gewichtstein zusammen, bis die Federungskraft S eben erreicht ist, also Gleichgewicht eingetreten ist. Wird in diesem Zustand der Stab auf $t°$ erwärmt (auf dem Celsiusthermometer $t + T$),

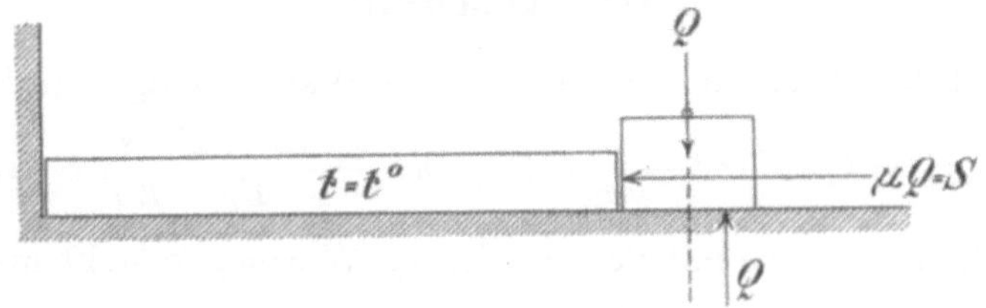

Fig. 5.

und mißt man von da an die Wärmemenge dW^*, durch deren Zufuhr t auf $t + dt$ erhöht wird, wobei durch entsprechende Korrekturen die Abwanderung von Wärme in die Umgebung des Stabes zu berücksichtigen ist, so ist, weil hierbei $dS = 0$ ist,

$$dW^* = k_1\, s\, F \cdot dt - 0 \,,$$

also

$$k_1 = \frac{dW^*}{s\, F \cdot dt}\,.$$

Mit der Genauigkeit, mit der ω als von t unabhängig angenommen wurde, muß sich k_1 als von der Größe von S unabhängig ergeben.

Auf Seite 11 wurde gefunden, daß

$$dA_i + \left\{ k_1\, s\, F \cdot dt - \frac{s}{\omega}(t + t_0) \cdot dS - \frac{s}{\omega} S \cdot dt + \frac{E_r - E}{E_r}\, \frac{s}{EF}\, S \cdot dS \right\}$$
$$= d\,(\text{Aufwand}) + k\, s\, F\, a \cdot dS$$

ist; inzwischen hat sich aber Seite 12 ergeben, daß

$$k\, s\, F\, a \cdot dS = \frac{E_r - E}{E_r}\, \frac{s}{EF}\, S \cdot dS$$

ist; in obiger Gleichung fällt also links und rechts dieser Summand fort.

Während der Lieferung von außen war zwar die Energie gruppiert nach der Formel

$$dA_{\text{aufg}} + dW_{\text{aufg}} = d\,(\text{Aufwand}) \,,$$

nach geschehener Aufnahme in den Stab ist diese gelieferte Energie aber angelegt in der Gruppierung

$$\underbrace{dA_i}_{\substack{\text{disponibles}\\ \text{Federungsvermögen}}} + \underbrace{\left\{k_1\, s\, F \cdot dt - \frac{s}{\omega}(t + t_0)\cdot dS - \frac{s}{\omega} S \cdot dt\right\}}_{\text{angelegte Wärme}} = d\,(\text{Aufwand})\,.$$

III. Abschnitt.

Die tatsächlich von außen gelieferte Wärmemenge war Seite 12

$$dW_{\mathrm{aufg}} = k_1\, s\, F \cdot dt - \frac{s}{\omega}(t + t_0)\cdot dS - \frac{E_r - E}{E_r}\,\frac{s}{E\,F}\,S \cdot dS\,;$$

vergleicht man diese mit der angelegten Wärme, so sieht man, daß bei letzterer der Betrag $\dfrac{s}{\omega}\,S \cdot dt$ in Abzug gekommen ist, dafür aber der Betrag $\dfrac{E_r - E}{E_r}\,\dfrac{s}{E\,F}\,S \cdot dS$ hinzugekommen ist, was sich daraus erklärt, daß ersterer Betrag zur Ergänzung von dA_{aufg} auf dA_{verf} (Seite 7) dienen mußte, während der hinzugekommene Betrag aus der inneren Reibungswärme entstammt.

Es ist eine Erfahrungstatsache, daß jede Wärmewanderung eine gewisse Zeit braucht. Wird nun d u r c h e i n e n p l ö t z l i c h e n R u c k S um dS auf $S + dS$ gesteigert, so fehlt die Zeit zur Zuführung irgendwelcher Wärmemenge. Eine Zustandsänderung, bei der eine Wärmezu- oder -abwanderung nicht stattfinden kann, wird eine a d i a b a t i s c h e Zustandsänderung genannt. Wird also S adiabatisch um dS auf $S + dS$ gesteigert, so ist

$$dW_{\mathrm{aufg}} = 0\,,$$

daraus folgt, daß automatisch mit diesem dS eine solche Temperaturerhöhung dt des Stabes verbunden ist, daß

$$k_1\, s\, F \cdot dt - \left\{\frac{s}{\omega}(t + t_0) + \frac{E_r - E}{E_r}\,\frac{s}{E\,F}\,S\right\}dS = 0$$

ist, d. h. es ist mit der adiabatischen D r u c k s t e i g e r u n g um dS verbunden die Temperaturerhöhung

$$dt_{\text{bei Druck}} = \frac{\dfrac{E_r - E}{E_r}\,\dfrac{s}{E\,F}\,S + \dfrac{s}{\omega}(t + t_0)}{k_1\, s\, F}\,dS\,.$$

Hätte es sich nicht um Federung auf Druck, sondern um Federung auf Zug gehandelt, so wären alle bisherigen Formeln gültig geblieben, wenn in ihnen S mit $(-S)$ und dS mit $(-dS)$ vertauscht worden wäre, und eventuell die Zahlenwerte für E, E_r und k_1 der Federung auf Zug angepaßt worden wären. Wenn daher z. B. eine Zugkraft S durch einen plötzlichen Ruck, also adiabatisch, auf $S + dS$ gesteigert wird, so stellt sich automatisch mit dieser Zugsteigerung um dS die Temperaturerhöhung ein

$$dt_{\text{bei Zug}} = \frac{\dfrac{E_r - E}{E_r}\dfrac{s}{EF}(-S) + \dfrac{s}{\omega}(t + t_0)}{k_1\,s\,F}(-dS)\,,$$

also mit den Absolutwerten

$$dt_{\text{bei Zug}} = \frac{\dfrac{E_r - E}{E_r}\dfrac{s}{EF}S - \dfrac{s}{\omega}(t + t_0)}{k_1\,s\,F}\,dS\,.$$

Werden bei Ausführung eines Eisenbetonbaues die Eiseneinlagen ohne Verwendung eines Schmiedfeuers, also adiabatisch, durch Überschreitung der Elastizitätsgrenze scharf umgebogen, so ist die Temperaturerhöhung deutlich fühlbar; mit feinen Instrumenten würde man auf der Seite der Druckfasern die Erhöhung etwas größer finden als auf der Seite der Zugfasern, weil dort im Zähler eine Summe, hier eine Differenz steht.

Bei den Metallen und auch sonst im allgemeinen ist ω positiv entsprechend einer Längenzunahme bei einer Temperaturzunahme. Bei einer zylindrisch eingefaßten Wassersäule mit einer Temperatur zwischen $0°$ und $4°$ Celsius und bei gewissen Arten von Kautschukfäden innerhalb gewisser Belastungsgrenzen, sowie bei einigen seltenen Stoffen ist jedoch ω negativ entsprechend einer Längenabnahme bei einer Temperaturzunahme.

Wie man k_1 durch das Experiment ermitteln kann, ist schon angegeben worden; das E_r kann man aus der nach Be- und Entlastung des Stabes sich einstellenden bleibenden Verkürzung des Stabes berechnen; führt man daher bei der Temperatur $t = 0$ eine adiabatische Druck- resp. Zugsteigerung herbei, so kann aus dem sich ergebenden dt auch noch die bisher unbekannte Konstante t_0 berechnet werden.

IV. Abschnitt.

Die bisherigen Untersuchungen bezogen sich auf die Ermittlung des Aufwandes an Energie, der mit einer Zunahme von Federungskraft und Temperatur verbunden war, dabei wurde als Normalfall die auf Druck wirkende Federungskraft S mit dem positiven Vorzeichen versehen. In diesem Abschnitt soll die **Zurückgabe von Energie** ermittelt werden, die verbunden ist mit der Abnahme von Federungskraft und Temperatur.

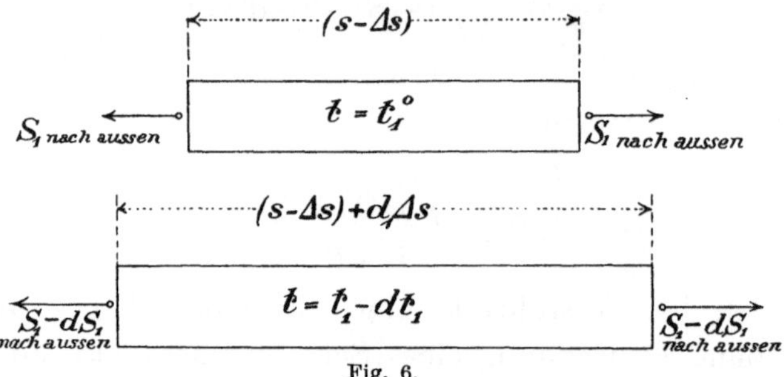

Fig. 6.

Hat der Stab (Fig. 6) die Temperatur $t + dt_1 = t_1$ und auf Druck die Federungskraft $S + dS_1 = S_1$, und wird konstatiert, daß sich S_1 um dS_1 und t_1 um dt_1 verringert, so werden die beiden Stabenden sich voneinander entfernen; da aber für abnehmende Verformung der Elastizitätsmodul E_r gilt, und zu E_r vielleicht der neue Wärmekoeffizient $\dfrac{1}{\omega_r}$ gehören wird, so ist diesmal die Verlängerung

$$d_1 \Delta s = \frac{s}{E_r F} dS_1 - \frac{s}{\omega_r} dt_1 \; .$$

In diesem Abschnitt sind bis auf weiteres

positives $d_1 \Delta s$ eine Verlängerung,
positives dS_1 eine Druckabnahme,
positives dt_1 eine Temperaturabnahme.

Von diesen Größen kann dt_1 abgebraisch genommen werden, also mit dem negativen Vorzeichen eine Temperaturzunahme bedeuten; dS_1 dagegen muß positiv bleiben.

Der Stab gibt bei dieser abnehmenden Verformung vermöge der nach außen wirkenden Kräfte S_1, deren Angriffspunkte sich im Pfeilsinne der S_1 um $d_1 \Delta s$ voneinander entfernen, nach außen die mechanische Arbeit zurück

$$dA_z = S_1 \cdot d_1 \Delta s = \frac{s}{E_r F} S_1 \cdot dS_1 - \frac{s}{\omega_r} S_1 \cdot dt_1 \, ,$$

wo der Index z bedeutet „zurückgegeben".

Außerdem wird vom Stabe nach außen im mechanischen Gleichwert gemessen die Wärmemenge zurückgegeben

$$dW_z \, .$$

Insgesamt wird also vom Stab nach außen die Energie zurückgegeben

$$d\,(\text{Zurückgabe}) = dA_z + dW_z \, .$$

Diesmal möge dW_z auf die Form gebracht sein

$$dW_z = c \, s \, F(dt_1 + b \cdot dS_1) \, ,$$

worin b sein Vorzeichen wechseln soll, wenn S durch den Übergang von Druck zu Zug sein Vorzeichen wechselt, also ist

$$dW_z = c \, s \, F \cdot dt_1 + c \, s \, F \, b \cdot dS_1 \, ,$$

und macht man in diesem Ausdruck die Substitution

$$c \, s \, F \cdot dt_1 = (t_1 + t_0) \, d\eta_1 \, ,$$

so wiederholen sich alle Rechnungen, die auf den Seiten **3**ff. gemacht wurden. Insbesondere ist

$$c \, s \, F = c_1 s \, F - \frac{s(t_1 + t_0)}{\omega_r} \frac{dS_1}{dt_1} \, ,$$

$$c_2 s \, F = c_1 s \, F - \left(\frac{s}{\omega_r}\right)^2 (t_1 + t_0) \frac{E_r F}{s} \, ,$$

worin $\left\{\begin{matrix} c_1 \\ c_2 \end{matrix}\right\}$ als die in kgcm pro cm³ ausgedrückte spezifische Wärmeabgabefähigkeit des Stabes bei konstanter $\left\{\begin{matrix} \text{Stabkraft} \\ \text{Verkürzung} \end{matrix}\right\}$ erscheint.

Es ergibt sich schließlich

$$d\,(\text{Zurückgabe}) - c \, s \, F \, b \cdot dS_1$$

$$= \underbrace{\frac{s}{E_r F} S_1 \cdot dS_1 - \frac{s}{\omega_r} S_1 \cdot dt_1}_{\text{mechanische Arbeit}} + \underbrace{c_1 s \, F \cdot dt_1 - \frac{s}{\omega_r} (t_1 + t_0) \cdot dS_1}_{\text{Wärme}} \, .$$

Das c_1 kann durch einen der Fig. 5 entsprechenden Versuch bestimmt werden, nur müßte diesmal der Gewichtstein vom Gewichte $Q_1 = S_1$ nach Fig. 7 mittels eines Kettchens von verschwindender Masse angehängt werden, und es müßte die entzogene Wärmemenge gemessen werden; wenn ω_r als von der Temperatur unabhängig gelten kann, ist c_1 von S_1 unabhängig.

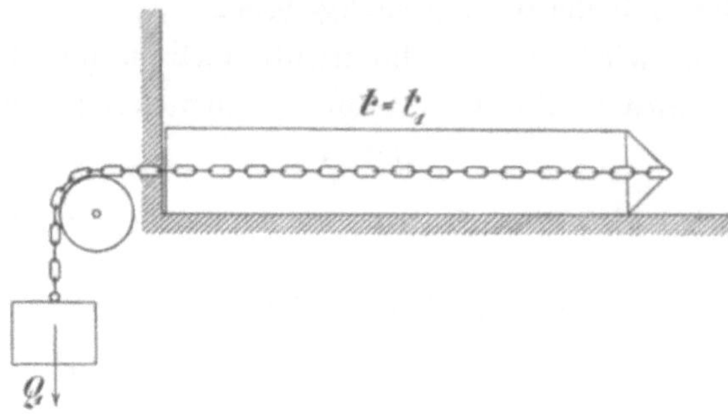

Fig. 7.

Vernachlässigt man kleine Größen 2. Ordnung, so kann man in der zuletzt angeschriebenen Formel S_1 durch S und t_1 durch t ersetzen, dann ist

$$d\,(\text{Zurückgabe}) - c\,s\,F\,b \cdot dS_1$$

$$= \frac{s}{E_r F} S \cdot dS_1 - \frac{s}{\omega_r} S \cdot dt_1 + c_1 s F \cdot dt_1 - \frac{s}{\omega_r}(t + t_0) \cdot dS_1 .$$

Nun ist kein Grund ersichtlich, warum c_1 von k_1 verschieden sein sollte, da in den beiden Versuchen Fig. 5 und Fig. 7 eine federnde Änderung der Stablänge nicht vorkommt. Setzt man also für alles folgende

$$c_1 = k_1$$

und auch

$$\omega_r = \omega ,$$

dann ist

$$d\,(\text{Zurückgabe}) - c\,s\,F\,b \cdot dS_1$$

$$= \frac{s}{E_r F} S \cdot dS_1 - \frac{s}{\omega} S \cdot dt_1 + k_1 s F \cdot dt_1 - \frac{s}{\omega}(t + t_0) \cdot dS_1 .$$

Auf Seite 9 wurde aber schon

$$\frac{s}{E_r F} S \cdot dS = dA_i$$

gesetzt, somit hat man

$$\frac{s}{E_r F} S \cdot dS_1 = d_1 A_i$$

zu setzen. Man kann daher auch schreiben

$$d_1 A_i + \left\{ k_1 \, s \, F \cdot dt_1 - \frac{s}{\omega}(t + t_0) \cdot dS_1 - \frac{s}{\omega} S \cdot dt_1 \right\}$$
$$= d\,(\text{Zurückgabe}) - c \, s \, F \, b \cdot dS_1 \,.$$

V. Abschnitt.

Es war

$$dW_z = c \, s \, F \cdot dt_1 + c \, s \, F \, b \cdot dS_1 \,,$$

oder auch mit $c_1 = k_1$ und $\omega_r = \omega$

$$dW_z = k_1 \, s \, F \cdot dt_1 - \frac{s}{\omega}(t + t_0) \cdot dS_1 + c \, s \, F \, b \cdot dS_1 \,.$$

Nimmt etwa die Druckkraft durch einen plötzlichen Ruck um dS_1 ab, so bleibt wegen Zeitmangels $dW_z = 0$, also ist automatisch mit der adiabatischen Druckverminderung um dS_1 verbunden die Temperaturabnahme

$$\underset{\text{bei Druck}}{dt_1} = \frac{\dfrac{s}{\omega}(t + t_0) - c \, s \, F \, b}{k_1 \, s \, F} \, dS_1 \,.$$

Bei einer adiabatischen Zugverminderung um dS_1 wäre die automatische Temperaturabnahme

$$\underset{\text{bei Zug}}{dt_1} = \frac{\dfrac{s}{\omega}(t + t_0) - c \, s \, F \, (-b)}{k_1 \, s \, F} \, (-dS_1) \,,$$

oder mit dem Absolutwert von dS_1

$$\underset{\text{bei Zug}}{dt_1} = \frac{- c \, s \, F \, b - \dfrac{s}{\omega}(t + t_0)}{k_1 \, s \, F} \, dS_1 \,.$$

Man hat sich zu erinnern, daß dt_1 eine Abnahme ist, wenn es positiv ist, also eine Zunahme ist, wenn es negativ sich ergibt.

VI. Abschnitt.

Vergleicht man die letzte Formel des IV. Abschnittes mit der letzten Formel des II. Abschnittes, so sieht man, daß die linken Seiten einander gleich werden, wenn man den Abnahmen dS_1 und dt_1 dieselben Absolutwerte gibt, welche die vorausgegangenen Zunahmen dS und dt hatten. Werden daher aus dem Zustand S und t heraus S um dS und t um dt gesteigert, und werden daran anschließend durch Verminderung um dS und dt die Ausgangswerte S und t wieder hergestellt, so ergibt sich aus den erwähnten Gleichungen, deren linke Seiten identisch wurden, daß

$$d \,(\text{Aufwand}) = d\,(\text{Zurückgabe}) - c\,s\,F\,b \cdot dS_1 ,$$

oder anders geordnet

$$d\,(\text{Zurückgabe}) = d\,(\text{Aufwand}) + c\,s\,F\,b \cdot dS_1 .$$

Da nach dieser Formel mehr Energie zurückgewonnen wird, als aufgewendet wurde, so sieht es aus, als ob die wiederholte Be- und Entlastung des Stabes Energie in beliebiger Menge aus ihm herausholen könnte. Jedermann weiß aber, daß z. B. eine Gummischnur oder sonst eine Feder durch wiederholte Be- und Entlastung schließlich ihre Elastizität einbüßt. Es wird also der Überschuß von $d\,(\text{Zurückgabe})$ über $d\,(\text{Aufwand})$ aus irgendeinem inneren Energievermögen des Stabes ausgelöst, das vielleicht chemischer Natur ist oder mit molekularen Bewegungen zusammenhängen kann, die ohne meßbare Verformungen vor sich gehen; jedenfalls ist dieses innere Energievermögen nachweislich erschöpfbar. Diese Erschöpfbarkeit ist durch den Faktor b ausgedrückt. Ist ein Prozeß der Be- und Entlastung vollzogen, so tritt der Stab in einen zweiten derartigen Prozeß mit vermindertem inneren Energievermögen ein; wahrscheinlich gilt für die zweite Zunahme der Verformung ein anderes E als bei der ersten Zunahme der Verformung, diese Änderung käme eben in dem Faktor b zum Vorschein. Hierher gehören die bekannten Resultate der Versuche von Wöhler und Bauschinger über wiederholte Belastung.

Läßt man es bei dem einmaligen Prozeß der Be- und Entlastung bewendet sein, so geht schon äußerlich dieser Vorgang nicht spurlos vor sich, denn wegen des Überganges von E in das E_r für den Rückweg hat der Stab, der zu Anfang im Zustand S und t die Länge

$$\left(s - \frac{s}{EF}S + \frac{s}{\omega}t\right) \text{ cm}$$

hatte, wenn er den Zustand S und t wieder erreicht hat, nur noch die Länge

$$\left(s - \frac{s}{EF}S + \frac{s}{\omega}t\right) - \left(\frac{s}{EF}dS - \frac{s}{\omega}dt\right) + \left(\frac{s}{E_rF}dS - \frac{s}{\omega}dt\right),$$

also nur noch die Länge

$$\left(s - \frac{s}{EF}S + \frac{s}{\omega}t\right) - \frac{E_r - E}{E_r}\frac{s}{EF}dS .$$

Die Aufwendung der Energie geschah in der Gruppierung

$$d\,(\text{Aufwand}) = dA_{\text{aufg}} + dW_{\text{aufg}} ,$$

und zwar war

$$dA_{\text{aufg}} = \frac{s}{EF}S \cdot dS - \frac{s}{\omega}S \cdot dt ,$$

$$dW_{\text{aufg}} = k_1 s F \cdot dt - \frac{s}{\omega}(t + t_0) \cdot dS - \frac{E_r - E}{E_r}\frac{s}{EF}S \cdot dS ;$$

die Zurückgabe der Energie geschieht aber in der Gruppierung

$$d\,(\text{Zurückgabe}) = dA_z + dW_z ,$$

und zwar war

$$dA_z = \frac{s}{E_rF}S \cdot dS - \frac{s}{\omega}S \cdot dt ,$$

$$dW_z = k_1 s F \cdot dt - \frac{s}{\omega}(t + t_0) \cdot dS + c s F b \cdot dS .$$

Somit ergibt sich, daß

$$dA_{\text{aufg}} - dA_z = \frac{E_r - E}{E_r}\frac{s}{EF}S \cdot dS$$

ist, oder

$$dA_z = dA_{\text{aufg}} - \frac{E_r - E}{E_r}\frac{s}{EF}S \cdot dS ,$$

daß aber

$$d\,W_z - d\,W_{\mathrm{aufg}} = +\,\frac{E_r - E}{E_r}\,\frac{s}{EF}\,S\cdot dS + c\,s\,F\,b\cdot dS$$

ist, oder

$$d\,W_z = d\,W_{\mathrm{aufg}} + \frac{E_r - E}{E_r}\,\frac{s}{EF}\,S\cdot dS + c\,s\,F\,b\cdot dS\;.$$

Nun ist jede Wärmemenge, die nicht absichtlich als Zweck eines Prozesses erzeugt wird, sondern als Nebenprodukt zum Vorschein kommt, als „entwertete" Energie zu bezeichnen[1]); man hat somit gefunden, daß durch den Prozeß der Be- und Entlastung des Stabes von der aufgewendeten mechanischen Arbeit der Betrag

$$\frac{E_r - E}{E_r}\,\frac{s}{EF}\,S\cdot dS$$

und von dem inneren Energievermögen des Stabes der Betrag

$$c\,s\,F\,b\cdot dS$$

zu Wärme entwertet worden ist.

---

[1]) Was unter Entwertung zu verstehen ist, möge folgendes erläutern: Es ist bekannt, daß eine kommunizierende Flüssigkeit in zwei Gefäßen in beiden Gefäßen das gleiche Niveau anzunehmen den „Trieb" hat. Ebenso hat die Wärme zweier kommunizierender Körper, die gegen außen wärmedicht isoliert sind, den „Trieb", sich so zu verteilen, daß beide Körper die gleiche Temperatur annehmen. Wenn aber die Flüssigkeit jenes gleiche Niveau erreicht, hat sie von ihrer Gewichtsenergie einen Teil in Bewegungsenergie, also in lebendige Kraft umgesetzt, die Wärme dagegen bleibt Wärmeenergie. Jene lebendige Kraft führt die Gewichtsenergie über den trieblosen Zustand hinüber, die Wärmeenergie bleibt aber im trieblosen Zustand liegen; eine im trieblosen Zustand liegen gebliebene Energiemenge ist aber wertlos, weil sie sich nicht zu betätigen strebt.

Zweiter Teil.

VII. Abschnitt.

Es war Seite 12

$$d\,(\text{Aufwand}) = \underbrace{\left\{\frac{s}{EF}\,S\cdot dS - \frac{s}{\omega}\,S\cdot dt\right\}}_{\text{von außen gelieferte mech. Arbeit}}$$

$$+ \underbrace{\left\{k_1\,s\,F\cdot dt - \frac{s}{\omega}\,(t+t_0)\cdot dS - \frac{E_r - E}{E_r}\,\frac{s}{EF}\,S\cdot dS\right\}}_{\text{von außen gelieferte Wärme}},$$

entsprechend war Seite 17

$$d\,(\text{Zurückgabe}) = \underbrace{\left\{\frac{s}{E_r F}\,S\cdot dS - \frac{s}{\omega}\,S\cdot dt\right\}}_{\text{zurückgegebene mech. Arbeit}}$$

$$+ \underbrace{\left\{k_1\,s\,F\cdot dt - \frac{s}{\omega}\,(t+t_0)\cdot dS + c\,s\,F\,b\cdot dS\right\}}_{\text{zurückgegebene Wärme}}.$$

Im folgenden soll nun nicht mehr der allgemeine Fall behandelt werden, sondern der Sonderfall, daß $E_r = E$ und $b = 0$ ist; der diesen Bedingungen genügende Stab wird vollkommen elastisch genannt.

Beim vollkommen elastischen Stab ist somit

$$d\,(\text{Aufwand}) = \underbrace{\left\{\frac{s}{EF}\,S\cdot dS - \frac{s}{\omega}\,S\cdot dt\right\}}_{\text{mechanische Arbeit}} + \underbrace{\left\{k_1\,s\,F\cdot dt - \frac{s}{\omega}\,(t+t_0)\cdot dS\right\}}_{\text{Wärme}}$$

und

$$d\,(\text{Zurückgabe}) = \underbrace{\left\{\frac{s}{EF}\,S\cdot dS - \frac{s}{\omega}\,S\cdot dt\right\}}_{\text{mechanische Arbeit}} + \underbrace{\left\{k_1\,s\,F\cdot dt - \frac{s}{\omega}\,(t+t_0)\cdot dS\right\}}_{\text{Wärme}}.$$

Das Resultat des Prozesses auf dem Rückweg ist hier mit Ausnahme des Vorzeichens identisch mit dem des Prozesses auf dem Hinweg. Es handelt sich demnach beim vollkommen elastischen Stabe um **umkehrbare** Prozesse.

Hat ein solcher Stab augenblicklich die Temperatur τ und auf Druck die Federungskraft P, so war, wenn der Ausgangszustand durch $S = 0$ und $t = 0$ gegeben war, zur Herstellung jenes Zustandes erforderlich der Energieaufwand

$$\text{Aufwand} = \int_0^{P;\tau} \left\{ \frac{s}{EF} S \cdot dS - \frac{s}{\omega}(S \cdot dt + (t + t_0) \cdot dS) + k_1 s F \cdot dt \right\}$$

$$= \int_0^{P;\tau} \left\{ \frac{s}{EF} S \cdot dS - \frac{s}{\omega} \cdot d(S(t + t_0)) + k_1 s F \cdot dt \right\} ;$$

bei den im Bauwesen vorkommenden Stoffen kann k_1 als auch von t unabhängig gelten, dann ergibt die Integration

$$\text{Aufwand} = \frac{s}{EF} \frac{P^2}{2} - \frac{s}{\omega} P(\tau + t_0) + k_1 s F \tau .$$

Es erscheint dieser Aufwand als Funktion der erreichten Endwerte P und τ, weil ja beim vollkommen elastischen Stab das $d(\text{Aufwand})$ ein vollständiges Differential war. Wieviel aber von dem Gesamtaufwand mechanische Arbeit und wieviel zugeführte Wärme war, läßt sich aus der Formel nicht ersehen. Man könnte versuchen dW_{aufg} für sich und dA_{aufg} für sich zu integrieren, da aber

$$dW_{\text{aufg}} = k_1 s F \cdot dt - \frac{s}{\omega}(t + t_0) \cdot dS$$

und

$$d A_{\text{aufg}} = \frac{s}{EF} S \cdot dS - \frac{s}{\omega} S \cdot dt$$

ist, und da sowohl t als auch S willkürlich veränderlich sind, so läßt sich weder in dW_{aufg} noch in dA_{aufg} die Separation der Variablen durchführen, mit anderen Worten den Aufwand $\int dW_{\text{aufg}}$ an Wärme und den Aufwand $\int dA_{\text{aufg}}$ an mechanischer Arbeit kann man getrennt nur angeben, wenn t und S nicht willkürlich gelassen werden, sondern so in **gesetzmäßigen Zusammenhang** gebracht werden, daß

$$t = f_1(z),$$
$$S = f_2(z)$$

gesetzt wird, wo nun z (etwa die Zeit) die einzige willkürliche Veränderliche ist. Vermöge dieser zwei Gleichungen wäre während des Wachsens von S und t ihr gegenseitiges Verhältnis stets bekannt, fortlaufend ist die sogenannte **Zustandsänderung** des Stabes bekannt.

Man hat gesehen, daß bei Verzicht auf die Scheidung nach Energiearten der Aufwand, durch den ein Zustand P; τ hergestellt wird, unabhängig ist von den während der Herstellung dieses Zustandes durchlaufenen Zuständen. Es liegt nahe Umschau zu halten, ob noch andere charakteristische Größen vorhanden sind, die die erwünschte Eigentümlichkeit haben, nur vom augenblicklichen Zustand des Stabes, nicht aber von den zuvor durchlaufenen Zuständen abzuhängen. Als solche Größen ergeben sich die Integrale von

$$\frac{d W_{\mathrm{aufg}}}{t + t_0} = k_1 \, s \, F \, \frac{dt}{t + t_0} - \frac{s}{\omega} \cdot dS$$

und

$$\frac{d A_{\mathrm{aufg}}}{S} = \frac{s}{E F} \cdot dS - \frac{s}{\omega} \cdot dt ,$$

denn die rechten Seiten dieser Gleichungen sind integrabel bei noch vollständig willkürlich gelassenen dt und dS, weil die Variablen separiert sind; dies kann natürlich nicht überraschen, denn es wurde Seite 3

$$d W_{\mathrm{aufg}} = k \, s \, F \cdot dt - k \, s \, F \cdot a \cdot dS$$

gesetzt; beim vollkommen elastischen Stab ist wegen $E_r = E$ (Seite 12) das $a = 0$, also ist hier

$$d W_{\mathrm{aufg}} = k \, s \, F \cdot dt = (t + t_0) \, d\eta ,$$

d. h. es ist

$$\frac{d W_{\mathrm{aufg}}}{t + t_0} = d\eta ,$$

wo die rechte Seite das Differential einer gewissen Funktion η ist. Entsprechend war Seite 2

$$d A_{\text{aufg}} = S \cdot d \varDelta s \,,$$

also ist

$$\frac{d A_{\text{aufg}}}{S} = d \varDelta s \,.$$

Ebenso wie die Verkürzung $\varDelta s$ beim hier behandelten vollkommen elastischen Stab nur von dem augenblicklichen Zustand P; τ des Stabes abhängt und von den zuvor durchlaufenen Zuständen unabhängig ist, ebenso ist bei diesem vollkommen elastischen Stab die Funktion η nur vom augenblicklichen P und τ abhängig, gleichgültig, wie der Stab in diesen Zustand gelangt ist.

So wie aus

$$d \varDelta s = \frac{d A_{\text{aufg}}}{S} = \frac{s}{E F} \cdot d S - \frac{s}{\omega} \cdot d t$$

folgt, daß

$$\varDelta s = \frac{s}{E F} P - \frac{s}{\omega} \tau + C_1 \,,$$

folgt aus

$$d \eta = \frac{d W_{\text{aufg}}}{(t + t_0)} = k_1 s F \frac{dt}{(t + t_0)} - \frac{s}{\omega} \cdot d S \,,$$

daß

$$\eta = k_1 s F \log(\tau + t_0) - \frac{s}{\omega} P + C_2 \,.$$

Die Bestimmung der Konstante C_1 ist sehr einfach, denn bei $\tau = 0$ und $P = 0$ wurde s gemessen, also sind $P = 0$; $\tau = 0$ und $\varDelta s = 0$ zusammenhängende Werte, so daß $C_1 = 0$ ist. Die Bestimmung der Konstante C_2 ist aber unmöglich, weil η in keinem Zustand des Stabes abgemessen werden kann, ist doch die Dimension von η das $\dfrac{\text{kgcm}}{\text{Grad}}$; außerdem wird η für negative Werte von $(\tau + t_0)$ zu einer imaginären Größe, weil

$$\log(-x) = \log x \pm \pi i$$

ist. In der Wärmemechanik der Gase kommen nur reelle Werte für die analog gebildete Größe vor, weil dort als Ausgangspunkt für die Messung der Temperaturen die tiefste denkbare Temperatur ($-273°$ Celsius) ein für allemal eingeführt ist. In der Baustatik kann man diesen bequemen Nullpunkt nicht benutzen, weil in ihr die „Montagetemperatur" für die Größe s maßgebend ist. Die Unbestimmbarkeit von C_2 wird unschädlich gemacht, wenn man

$$\eta - C_2 = \eta'$$

setzt, dann hängt η' ausschließlich nur von P und τ ab. Aus historischen Gründen führt die Funktion η' den Namen „Entropie".

Man hat somit gefunden, daß zu einem bestimmten Zustand des Stabes — gleichgültig wie die zuvor durchlaufenen Zustände waren — ganz bestimmte Werte der Entropie, der Verkürzung und der aufgewendeten Energie gehören, vorausgesetzt natürlich, daß der Stab vollkommen elastisch ist.

VIII. Abschnitt.

Zwar war

$$\text{Aufwand} = \frac{s}{EF}\frac{P^2}{2} - \frac{s}{\omega}P(\tau + t_0) + k_1 s F \tau$$

nicht in die Bestandteile

„aufgewendete mechanische Arbeit" $+$ „aufgewendete Wärme"

zu zerlegen, ohne daß man die Gesetze

$$t = f_1(z),$$
$$S = f_2(z)$$

der durchlaufenen Zustände kannte. Im fertigen Resultat aber kann man die Gruppierung herstellen, denn es ist

$$\frac{s}{EF}\frac{P^2}{2}$$

das mechanische Arbeitsvermögen der Federung, während

$$k_1 s F \tau - \frac{s}{\omega}P(\tau + t_0)$$

der Zuwachs der im Stab angelegten Wärme ist.

Hatte somit der unbelastete Stab bei $0°$ die Wärmemenge W' enthalten, so enthält er bei $\tau°$ unter der Druckkraft P die Wärmemenge

$$W_{P;\tau} = W' + k_1\, s\, F\, \tau - \frac{s}{\omega} P(\tau + t_0)\,.$$

Während also der Aufwand

$$\text{Aufwand} = A_{\text{aufg}} + W_{\text{aufg}}$$

nicht ohne weiteres in seine Bestandteile A_{aufg} und W_{aufg} zu zerlegen ist, kann der beim Zustand P und τ vorhandene Energievorrat zerlegt werden, denn es ist

$$\text{Vorrat} = \underbrace{\frac{s}{E\,F}\,\frac{P^2}{2}}_{\substack{\text{mech. Arbeits-}\\\text{vermögen}}} + \underbrace{W' + k_1\, s\, F\, \tau - \frac{s}{\omega} P(\tau + t_0)}_{\text{vorhandene Wärmemenge}}\,.$$

Da dieser Energievorrat durch jeden beliebigen Übergang aus dem Zustand $S = 0$; $t = 0$ in den Zustand $S = P$; $t = \tau$ in dem Stab angelegt wird, so möge zur Veranschaulichung ein bequem übersichtlicher Übergang herausgegriffen und verfolgt werden. Angenommen der Stab werde zuerst bei konstant bleibender Temperatur $t = 0$ auf die Federungskraft P gebracht, so erfordert das an mechanischer Arbeit den Aufwand

$$\frac{s}{E\,F}\,\frac{P^2}{2}\,.$$

Nach Seite 24 ist mit diesem Teil des Überganges wegen $dt = 0$ und $t = 0$ automatisch verbunden die Reduktion der schon vorhandenen Wärmemenge W' auf

$$W' - \frac{s}{\omega}\,t_0 \cdot P\,.$$

Nunmehr wird der Stab bei konstant bleibendem P auf die Temperatur τ gebracht, das erfordert die Wärmemenge

$$k_1\, s\, F\, \tau\,,$$

diese wird aber nicht ganz im Stab als Wärme angelegt, vielmehr muß sie zum Teil in die mechanische Arbeit sich umsetzen, durch die die Druckkraft P um den Weg $\dfrac{s}{\omega}\,\tau$ der Temperaturausdehnung zurück gedrückt wird, als Wärme wird also im Stab nur angelegt der Betrag

$$k_1 \, s \, F \, \tau - \frac{s}{\omega} \, \tau \, P \, .$$

Addiert man die Bestandteile, so findet man, daß im ganzen im Stab angelegt worden ist die Energie

$$\frac{s}{EF} \, \frac{P^2}{2} + W' - \frac{s}{\omega} \, t_0 \, P + k_1 \, s \, F \, \tau - \frac{s}{\omega} \, \tau \, P \, ,$$

oder

$$\frac{s}{EF} \, \frac{P^2}{2} + W' + k_1 \, s \, F \, \tau - \frac{s}{\omega} \, P (\tau + t_0) \, ,$$

in Übereinstimmung mit der allgemein für jeden beliebigen Übergang geltenden Formel.

IX. Abschnitt.

Gleichgültig in welcher Gruppierung der Aufwand aufgebracht wurde, in dem Zustand P und τ ist der Energievorrat des Stabes

$$\text{Vorrat}_1 = \frac{s}{EF} \, \frac{P^2}{2} - \frac{s}{\omega} \, P (\tau + t_0) + k_1 \, s \, F \, \tau + W' \, .$$

In dem beliebigen anderen Zustand S und t des Stabes, wobei es ganz nebensächlich ist, ob der Stab wirklich bei seiner Zustandsänderung diesen Zustand passiert, wäre der entsprechende Energievorrat des Stabes

$$\text{Vorrat}_2 = \frac{s}{EF} \, \frac{S^2}{2} - \frac{s}{\omega} \, S (t + t_0) + k_1 \, s \, F \, t + W' \, .$$

Als Normalfall werde vorausgesetzt, daß

$$\text{Vorrat}_1 > \text{Vorrat}_2$$

ist, dann hat der Stab nach außen Energie abgegeben, die in Arbeitsleistung, in Wärmeabgabe und in Erzeugung einer Zunahme der lebendigen Kraft etwa vorhandener Massen bestehen kann. Man hat daher zu setzen

$$\text{Vorrat}_1 - \text{Vorrat}_2 = \underset{\text{geleistet}}{\varDelta A} + \underset{\text{abgegeben}}{\varDelta W} + \underset{\text{erzeugt}}{\varDelta \Sigma} \frac{m \, v^2}{2} \, ,$$

worin jedes v die Größe der Geschwindigkeit einer Masse m bedeutet. Wenn $\varDelta A$ das negative Vorzeichen annimmt, so wird es zu **aufgenommener** Arbeit, negatives $\varDelta W$ ist **aufgenommene** Wärme und negatives $\varDelta \Sigma \dfrac{m v^2}{2}$ ist **aufgezehrte** lebendige Kraft.

Die Gesamtsumme kann man immer als Funktion von P; τ; S und t angeben, wie sie aber auf die drei Summanden sich verteilt, kann man ohne Kenntnis der Zustandsgesetze

$$t = f_1(z),$$
$$S = f_2(z)$$

nicht angeben.

Ehe weitergegangen wird, soll $\varDelta A$ an Hand von zwei Beispielen näher charakterisiert werden.

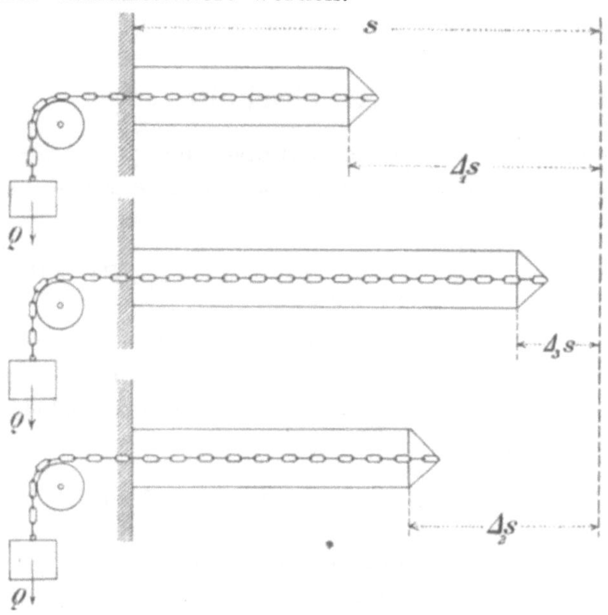

Fig. 8.

Wenn in Fig. 8 der Stab sich aus der Verkürzung $\varDelta_1 s$ auf die Verkürzung $\varDelta_2 s$ wieder ausdehnt, so muß er das durch eine masselose Kette angehängte Gewicht Q heben, dabei ist die vom Stabe zu leistende Arbeit

$$Q(\varDelta_1 s - \varDelta_2 s)$$

gleichgültig, wie $\Delta_1 s$ zu $\Delta_2 s$ geworden ist, denn selbst wenn z. B. zwischenhinein die Verkürzung auf $\Delta_3 s$ sich reduziert hätte, so wäre die bei Erreichung von $\Delta_2 s$ geleitete Arbeit die obige gewesen, denn was hinzugekommen wäre, wäre

$$+Q(\Delta_2 s - \Delta_3 s) - Q(\Delta_2 s - \Delta_3 s) = 0$$

gewesen. Dies ist also ein Fall, wo nicht allein die Gesamtsumme, sondern auch der Summand ΔA nur von Ausgangs- und Endzustand, nicht aber von den Zwischenzuständen abhängt.

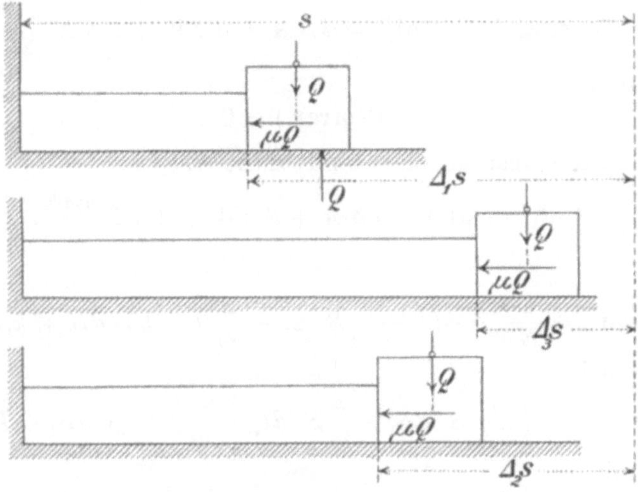

Fig. 9.

Wenn aber in Fig. 9, wo gegen eine Reibungskraft Arbeit zu leisten ist, die bekanntlich ihren Pfeil immer dem Bewegungssinne entgegengerichtet einstellt, das Stabende von $\Delta_1 s$ auf dem Umwege über $\Delta_3 s$ nach $\Delta_2 s$ gelangt, so ist vom Stabe die Arbeit zu leisten

$$\Delta A = +\mu Q(\Delta_1 s - \Delta_3 s) + \mu Q(\Delta_2 s - \Delta_3 s)$$
$$= +\mu Q(\Delta_1 s - \Delta_2 s) + 2\mu Q(\Delta_2 s - \Delta_3 s),$$

worin ersichtlich ist, daß ΔA außer von Anfangs- und Endzustand auch von dem unbekannten Zwischenzustand, dem $\Delta_3 s$ entspricht, abhängig ist.

Diese Beispiele zeigen, daß es jedenfalls vorteilhaft ist, bei Inangriffnahme der Lösung einer Aufgabe, die Kräfte, gegen welche Arbeit zu leisten ist, in diese zwei Gattungen zu scheiden. Wenn nichts Besonderes erwähnt wird, kann man sich im folgenden Kräfte der ersten Gattung vorstellen.

Es war

$$\text{Vorrat}_1 - \text{Vorrat}_2 = \varDelta A + \varDelta W + \varDelta \varSigma \frac{m\,v^2}{2} \;;$$

läßt man den Stab aus dem Zustand 2 noch etwas weiter gehen entsprechend den Inkrementen $dS = (-dS_1)$ und $dt = (-dt_1)$, so ist

$$d(\text{Vorrat}_1 - \text{Vorrat}_2) = d\,\varDelta A + d\,\varDelta W + d\,\varDelta \varSigma \frac{m\,v^2}{2} \,,$$

es ist aber

$$d(\text{Vorrat}_1) = 0 \,,$$

weil P und τ fest gegeben sind, daher ist

$$-d(\text{Vorrat}_2) = d\,\varDelta A + d\,\varDelta W + d\,\varDelta \varSigma \frac{m\,v^2}{2} \,,$$

aber

$$d(\text{Vorrat}_2) = \frac{s}{EF}\,S \cdot dS - \frac{s}{\omega}\,S \cdot dt - \frac{s}{\omega}(t + t_0) \cdot dS + k_1\,s\,F \cdot dt \,,$$

hier speziell

$$d(\text{Vorrat}_2) = -\left\{\frac{s}{EF}\,S \cdot dS_1 - \frac{s}{\omega}\,S \cdot dt_1 - \frac{s}{\omega}(t + t_0) \cdot dS_1 + k_1\,s\,F \cdot dt_1\right\}$$

und somit

$$-d(\text{Vorrat}_2) = \frac{s}{EF}\,S \cdot dS_1 - \frac{s}{\omega}\,S \cdot dt_1 - \frac{s}{\omega}(t + t_0) \cdot dS_1 + k_1\,s\,F \cdot dt_1 \,.$$

Die rechte Seite dieser Gleichung ist aber nach Seite 23 resp. 18 nichts anderes als das $d(\text{Zurückgabe})$,

$$-d(\text{Vorrat}_2) = +d(\text{Zurückgabe}) \,,$$

so daß man schließlich gefunden hat

$$d(\text{Zurückgabe}) = \underset{\text{geleistet}}{d\,\varDelta A} + \underset{\text{abgegeben}}{d\,\varDelta W} + \underset{\text{erzeugt}}{d\,\varDelta \varSigma} \frac{m\,v^2}{2} \,.$$

Welche Zustandsänderung dS_1 und dt_1 tatsächlich eintritt, weiß man nun nicht, d. h. dS_1 und dt_1 sind in ihrem gegenseitigen Verhältnis unbekannt; nimmt man aber an, daß ein willkürliches δS zusammen mit einem willkürlichen δt eintritt, wo die Abweichung vom Tatsächlichen durch das „δ" statt „d"

ausgedrückt wird, und positives δS eine Druckabnahme und positives δt eine Temperaturabnahme bedeutet, dann wäre damit verbunden

$$\underset{\text{geleistet}}{\delta \varDelta A} + \underset{\text{abgegeben}}{\delta \varDelta W} + \underset{\text{erzeugt}}{\delta \varDelta \Sigma} \frac{m\,v^2}{2}$$

$$= \frac{s}{E\,F}\,S \cdot \delta S - \frac{s}{\omega}\,S \cdot \delta t + k_1\,s\,F \cdot \delta t - \frac{s}{\omega}(t + t_0) \cdot \delta S\,.$$

Sobald aber δS und δt festgelegt sind, weiß man, daß d (Zurückgabe) zerfällt in

$$\delta A_z = \frac{s}{E\,F}\,S \cdot \delta S - \frac{s}{\omega}\,S \cdot \delta t$$

und

$$\delta W_z = k_1\,s\,F \cdot \delta t - \frac{s}{\omega}(t + t_0) \cdot \delta S\,,$$

wo δA_z die abgegebene mechanische Arbeit und δW_z die abgegebene Wärme ist.

Diese willkürliche Zusammenstellung von einem δS mit einem δt nennt man eine virtuelle Zustandsänderung; die Willkürlichkeit ist selbstverständlich an die Voraussetzungen der Aufgabe gebunden.

Sobald es sich um eine virtuelle Zustandsänderung handelt, zerfällt von selbst die Gleichung für den Umsatz an Gesamtenergie in folgende zwei Gleichungen

$$\underset{\text{geleistet}}{\delta \varDelta A} + \underset{\text{erzeugt}}{\delta \varDelta \Sigma} \frac{m\,v^2}{2} = \delta A_z = \frac{s}{E\,F}\,S \cdot \delta S - \frac{s}{\omega}\,S \cdot \delta t$$

und

$$\underset{\text{abgegeben}}{\delta \varDelta W} = \delta W_z = k_1\,s\,F \cdot \delta t - \frac{s}{\omega}(t + t_0) \cdot \delta S\,;$$

für eine virtuelle Zustandsänderung gelten also die Gleichungen

$$\underset{\text{erzeugt}}{\delta \varDelta \Sigma} \frac{m\,v^2}{2} = \frac{s}{E\,F}\,S \cdot \delta S - \frac{s}{\omega}\,S \cdot \delta t - \underset{\text{geleistet}}{\delta \varDelta A}\,,$$

$$\underset{\text{abgegeben}}{\delta \varDelta W} = k_1\,s\,F \cdot \delta t - \frac{s}{\omega}(t + t_0) \cdot \delta S\,.$$

Handelt es sich um mehrere zu einem System vereinigte Stäbe und um mehrere Kräfte, gegen die Arbeit geleistet wird, so ist selbstverständlich

$$\delta \varDelta \underset{\text{erzeugt}}{\Sigma} \frac{m\,v^2}{2} = \Sigma \left(\frac{s}{E\,F}\,S \cdot \delta S - \frac{s}{\omega}\,S \cdot \delta t \right) - \underset{\text{geleistet}}{\Sigma \delta \varDelta A} \,,$$

$$\underset{\text{abgegeben}}{\delta \varDelta W} = \Sigma \left(k_1\,s\,F \cdot \delta t - \frac{s}{\omega}\,(t + t_0) \cdot \delta S \right).$$

X. Abschnitt.

Die zuletzt gefundenen Beziehungen sollen durch zwei Beispiele verdeutlicht werden.

Erstes Beispiel. Der Stab der Fig. 10 befinde sich in dem Zustand S und t, seiner Wiederausdehnung setzt der Gewichtstein die Reibungskraft $\mu\,Q$ entgegen.

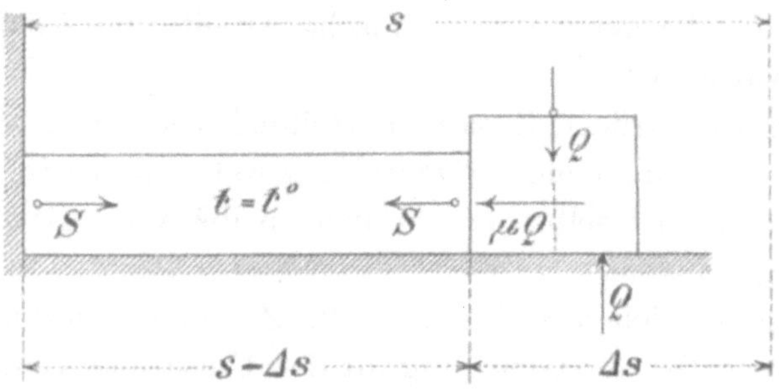

Fig. 10.

Läßt man willkürlich S um δS und t um δt abnehmen, so nimmt die augenblickliche Stablänge $(s - \varDelta s)$ zu um den Absolutwert von

$$\delta \varDelta s = \left(\frac{s}{E\,F}\,(-\delta S) - \frac{s}{\omega}\,(-\delta t) \right),$$

also um

$$\frac{s}{E\,F}\,\delta S - \frac{s}{\omega}\,\delta t \,,$$

also wird bei dieser virtuellen Zustandsänderung die Kraft $\mu\,Q$ zurückgedrängt um den Weg

$$\frac{s}{E\,F}\,\delta S - \frac{s}{\omega}\,\delta t \,,$$

die vom Stab geleistete Arbeit ist daher

$$\underset{\text{geleistet}}{\delta\, \varDelta\, A} = +\,\mu\, Q\left(\frac{s}{E F}\,\delta S - \frac{s}{\omega}\,\delta t\right),$$

und in diesem Beispiel wäre

$$\underset{\text{erzeugt}}{\delta\, \varDelta\, \Sigma}\frac{m\,v^2}{2} = \frac{s}{E F}\,S\cdot\delta S - \frac{s}{\omega}\,S\cdot\delta t - \mu\, Q\left(\frac{s}{E F}\,\delta S - \frac{s}{\omega}\,\delta t\right)$$

$$= (S - \mu\, Q)\left(\frac{s}{E F}\,\delta S - \frac{s}{\omega}\,\delta t\right)$$

und

$$\underset{\text{abgegeben}}{\delta\, \varDelta\, W} = k_1\, s\, F\cdot\delta t - \frac{s}{\omega}\,(t + t_0)\cdot\delta S\ .$$

Zweites Beispiel. Von zwei Stäben sei der Stab a in den Zustand P_a; τ_a, also auf die Verkürzung $\varDelta_1 s_a$, und der Stab b in den Zustand P_b; τ_b, also auf die Verkürzung $\varDelta_1 s_b$, gebracht worden, in diesem Zustand werden die Stäbe in einer Geraden

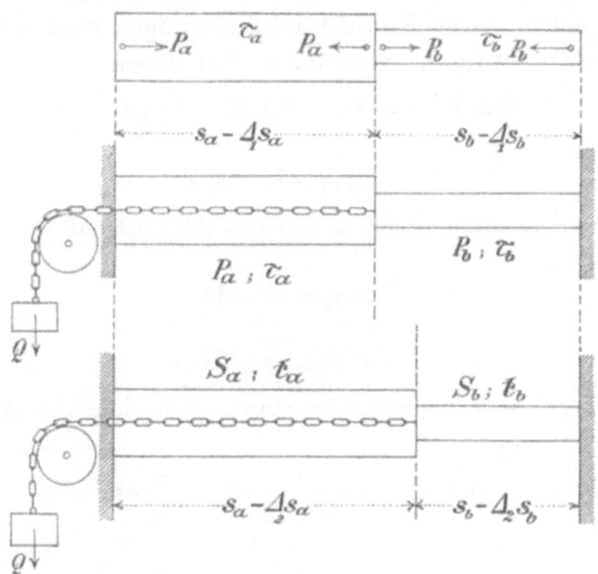

Fig. 11.

aneinander gerückt, und nach Fig. 11 wird mit einer masselosen Kette in der gezeichneten Weise ein Gewicht Q angehängt, gleichzeitig werden die äußeren Enden der zwei Stäbe festgestellt. Welche Zustände S_a; t_a resp. S_b; t_b die Stäbe, sobald sie von den Kräften

P_a und P_b freigegeben worden sind, auch annehmen werden, immer wird wegen der festgestellten Enden die Bedingung erfüllt sein

$$(s_a - \varDelta_2 s_a) + (s_b - \varDelta_2 s_b) = (s_a - \varDelta_1 s_a) + (s_b - \varDelta_1 s_b),$$

oder

$$\varDelta_2 s_a + \varDelta_2 s_b = \varDelta_1 s_a + \varDelta_1 s_b,$$

daher ist die Aufgabe an die Voraussetzung gebunden, daß immer

$$\frac{s_a}{E_a F_a} S_a - \frac{s_a}{\omega_a} t_a + \frac{s_b}{E_b F_b} S_b - \frac{s_b}{\omega_b} t_b = \frac{s_a}{E_a F_a} P_a - \frac{s_a}{\omega_a} \tau_a + \frac{s_b}{E_b F_b} P_b - \frac{s_b}{\omega_b} \tau_b,$$

oder, weil die rechte Seite unveränderlich gegeben ist, an die Bedingung, daß immer

$$\varDelta_2 s_a + \varDelta_2 s_b = C,$$

d. h.

$$\frac{s_a}{E_a F_a} S_a - \frac{s_a}{\omega_a} t_a + \frac{s_b}{E_b F_b} S_b - \frac{s_b}{\omega_b} t_b = C$$

ist.

Nur solche virtuelle Zustandsänderungen sind mit den Bedingungen der Aufgabe verträglich, bei denen

$$\delta(\varDelta_2 s_a + \varDelta_2 s_b) = \delta \varDelta_2 s_a + \delta \varDelta_2 s_b = 0$$

ist, d. h. es muß

$$\delta \varDelta_2 s_b = - \delta \varDelta_2 s_a$$

sein; wenn sich daher Stab a um das Absolutmaß $\delta\lambda$ weiter ausdehnt, so ist

$$\delta \varDelta_2 s_a = - \delta\lambda$$

und

$$\delta \varDelta_2 s_b = + \delta\lambda,$$

also verkürzt sich gleichzeitig Stab b um dasselbe Absolutmaß $\delta\lambda$. Es ist aber

$$\delta \varDelta_2 s_a = - \left(\frac{s_a}{E_a F_a} \delta S_a - \frac{s_a}{\omega_a} \delta t_a \right)$$

und

$$\delta \varDelta_2 s_b = - \left(\frac{s_b}{E_b F_b} \delta S_b - \frac{s_b}{\omega_b} \delta t_b \right)$$

mit dem Minusvorzeichen, weil nach Übereinkunft positive δS und δt Abnahmen bedeuten (Seite 33).

Bei der angenommenen virtuellen Zustandsänderung aus dem Zustand S_a; t_a; S_b und t_b heraus verschiebt sich die Berührungsstelle der beiden Stäbe, an die das Gewicht Q durch die Kette befestigt ist, nach rechts um das Absolutmaß $\delta\lambda$, dabei wird Q um $\delta\lambda$ gehoben, also ist

$$\underset{\text{geleistet}}{\delta\,\varDelta\,A} = +Q\cdot\delta\lambda\;.$$

In diesem Beispiele, wo zwei Stäbe zu einem System vereinigt sind, ist somit

$$\underset{\text{erzeugt}}{\delta\,\varDelta\,\varSigma}\,\frac{m\,v^2}{2}$$

$$=\left(\frac{s_a}{E_a F_a}S_a\cdot\delta S_a-\frac{s_a}{\omega_a}S_a\cdot\delta t_a\right)+\left(\frac{s_b}{E_b F_b}S_b\cdot\delta S_b-\frac{s_b}{\omega_b}S_b\cdot\delta t_b\right)-Q\cdot\delta\lambda\,,$$

$$\underset{\text{abgegeben}}{\delta\,\varDelta\,W}$$

$$=\left(k_a s_a F_a\cdot\delta t_a-\frac{s_a}{\omega_a}(t_a+t_{0\,a})\cdot\delta S_a\right)+\left(k_b s_b F_b\cdot\delta t_b-\frac{s_b}{\omega_b}(t_b+t_{0\,b})\cdot\delta S_b\right).$$

Die erste dieser Gleichungen wird aber, weil wegen der Bedingung, der die Aufgabe unterworfen ist,

$$\left(\frac{s_a}{E_a F_a}\delta S_a-\frac{s_a}{\omega_a}\delta t_a\right)=+\delta\lambda$$

und

$$\left(\frac{s_b}{E_b F_b}\delta S_b-\frac{s_b}{\omega_b}\delta t_b\right)=-\delta\lambda$$

ist, zu

$$\underset{\text{erzeugt}}{\delta\,\varDelta\,\varSigma}\,\frac{m\,v^2}{2}=(S_a-S_b-Q)\cdot\delta\lambda\;.$$

Die vorgeführte Lösung dieser beiden Aufgaben ist rein hypothetisch; z. B. bei der zweiten müßte man die gegebene Lösung wie folgt aussprechen: Wenn tatsächlich der Stab a in den Zustand S_a; t_a und gleichzeitig der Stab b in den Zustand S_b; t_b gelangt, und wenn tatsächlich die angenommenen Änderungen aus diesen Zuständen heraus eintreten sollten, dann würden $\delta\,\varDelta\,\varSigma\dfrac{m\,v^2}{2}$ und $\delta\,\varDelta\,W$ die angeschriebenen Werte haben müssen.

XI. Abschnitt.

Vergleicht man am Ende des IX. Abschnittes die Gleichung, die sich auf die mechanischen Energien bezieht, mit der Gleichung, die sich auf die thermische Energie bezieht, so macht sich ein Mangel an Parallelismus bemerkbar, insofern als aus der mechanischen Gleichung hervorgeht, daß die vom Stab oder vom Stabsystem zurückgegebene mechanische Energie in lebendige Kraft und geleistete Arbeit übergeht, während aus der thermischen Gleichung nur hervorgeht, welche Wärmemenge abgegeben wird, ohne daß sichtbar gemacht ist, wohin diese Wärmemenge gelangt. Tatsächlich kann man, wenn nicht besondere Vorkehrungen getroffen sind, auch nicht angeben, wohin die abgegebene Wärme gelangt; bei einer aus einem Stabsystem bestehenden Brücke z. B. ist es ganz unmöglich die Wärme auf ihrer Wanderung durch die Pfeiler und durch die Luft zu verfolgen. Bei solchen Aufgaben ist aber auch das Maß der abgegebenen Wärme nebensächlich, nur indirekt hat die Wärme Bedeutung, indem die durch sie bewirkte Längenänderung des Stabes oder Stabsystemes die mechanische Gleichung beeinflußt, dieser Teil der Wärmewirkung wird aber nicht durch eine Wärmemenge, sondern durch die Temperatur gemessen.

Durch besondere Vorkehrungen läßt sich aber der Parallelismus herstellen. Denkt man sich eine Flüssigkeit vom Volumen V cm³ rings von einem Gefäß eingefaßt, das Wandungen hat, die wärmedicht sind, wie dies bei den Wandungen eines Eiskellers oder Eisschrankes mehr oder minder erfolgreich angestrebt ist, und denkt man sich die Zustandsänderungen des Stabsystemes in diesem Flüssigkeitsbad vor sich gehend, dann allerdings weiß man, daß das vom Stabsystem abgegebene $\delta \varDelta W$ von dieser Flüssigkeit aufgenommen wird.

Alle bisher vorgeführten Formeln bezogen sich auf stabförmige Körper, die Flüssigkeit ist aber dreidimensional, sie hätte also z. B. nach drei Richtungen ein E und ein ω, wodurch natürlich ganz andere Formeln bedingt sind; hier soll der Einfachheit halber eine Flüssigkeit angenommen werden, bei der alle E und alle ω den Wert ∞ haben, und deren spezifische Wärmeaufnahme-

und -abgabefähigkeit pro cm³ für alle Temperaturen K ist. Enthielt dieses Bad bei der Temperatur $t = 0$ die Wärmemenge Φ', so enthält es bei der Temperatur $t = \vartheta_1$ die Wärmemenge

$$\Phi_1 = \Phi' + K V \vartheta_1 .$$

Wird in dieses Bad von der Temperatur $t = \vartheta_1$ der Stab vom Zustand $P; \tau$ hineingebracht, der ja nach Seite 28 den Wärmevorrat

$$W_{P;\tau} = W' + k_1 s F \tau - \frac{s}{\omega} P(\tau + t_0)$$

enthält, so ist augenblicklich durch die wärmedichte Hülle die Wärmemenge

$$W_{P;\tau} + \Phi_1$$

eingeschlossen. Im Augenblick, wo in dem Bad der Stab den Zustand $S; t$ annimmt, ist

$$W_{S;t} = W' + k_1 s F t - \frac{s}{\omega} S(t + t_0) ,$$

hat dabei das Bad die Temperatur $t = \vartheta_2$, dann ist

$$\Phi_2 = \Phi' + K V \vartheta_2 ,$$

und die eingeschlossene Wärmemenge ist

$$W_{S;t} + \Phi_2 ,$$

dabei kann

$$W_{S;t} + \Phi_2 \lessgtr W_{P;\tau} + \Phi_1$$

sein; im Anfangszustand hatten nämlich Stab und Bad an Energie den Gesamtvorrat

$$G_1 = \Phi_1 + W_{P;\tau} + \frac{s}{EF} \frac{P^2}{2} + \Sigma \frac{m v_1^2}{2} ,$$

wenn der größeren Allgemeinheit halber schon im Anfangszustand lebendige Kraft als vorhanden angenommen wird; im zweiten Zustand haben Stab und Bad den Gesamtvorrat

$$G_2 = \Phi_2 + W_{S;t} + \frac{s}{EF} \frac{S^2}{2} + \Sigma \frac{m v_2^2}{2} .$$

Da alle anderen Energiearten berücksichtigt sind, so ist

$$G_1 - G_2 = \underset{\text{geleistet}}{\Delta A} ,$$

und man hat mit Verwendung der Formeln auf Seite 29

$$\underset{\text{geleistet}}{\varDelta A} = (\varPhi_1 - \varPhi_2) + (\text{Vorrat}_1 - \text{Vorrat}_2) - \underset{\text{erzeugt}}{\varDelta \varSigma} \frac{m\,v^2}{2}\,,$$

oder

$$\text{Vorrat}_1 - \text{Vorrat}_2 = \underset{\text{geleistet}}{\varDelta A} + (\varPhi_2 - \varPhi_1) + \underset{\text{erzeugt}}{\varDelta \varSigma} \frac{m\,v^2}{2}\,,$$

es ist also nach Seite 29

$$\varPhi_2 - \varPhi_1 = \underset{\text{abgegeben}}{\varDelta W}\,.$$

Ebensowenig, wie $\varDelta W$ ohne Kenntnis der Gesetze

$$t = f_1(z)\,,$$
$$S = f_2(z)$$

angegeben werden konnte, kann $\varPhi_2$ angegeben werden, es ist also ϑ_2 nicht ausschließlich eine Funktion von S und t, sondern es hängt ϑ_2 auch ab von den zuvor durchlaufenen Zuständen.

Immerhin kann man aber für eine virtuelle Zustandsänderung des Stabes angeben, daß

$$\delta \varPhi = \underset{\text{abgegeben}}{\delta \varDelta W}\,,$$

oder

$$K V \cdot \delta \vartheta = \underset{\text{abgegeben}}{\delta \varDelta W}$$

ist.

Nunmehr ist in den Gleichungen am Schluß des IX. Abschnittes der Parallelismus hergestellt, denn es ist, wenn gleich ein Stabsystem vorausgesetzt wird,

$$\underset{\text{erzeugt}}{\delta \varDelta \varSigma} \frac{m\,v^2}{2} = \varSigma \left(\frac{s}{E\,F} S \cdot \delta S - \frac{s}{\omega} S \cdot \delta t \right) - \underset{\text{geleistet}}{\varSigma \delta \varDelta A}\,,$$

$$K V \cdot \delta \vartheta = \varSigma \left(k_1 s F \cdot \delta t - \frac{s}{\omega}(t + t_0) \cdot \delta S \right).$$

Hierin sind positive δS und δt zwar Abnahmen, aber positives $\delta \vartheta$ ist eine Zunahme.

Wenn man will, kann man nun bei einer Brückenkonstruktion unter V sich das ganze Weltall mit Ausschluß gerade dieser Brückenkonstruktion vorstellen, dabei sind dann K und ϑ ausgemittelte Werte. Im folgenden soll aber vorerst die Vorstellung des Bades beibehalten werden.

XII. Abschnitt.

Man nennt im Lauf einer wirklichen Zustandsänderung denjenigen Zustand einen Zustand des augenblicklichen mechanischen Gleichgewichtes, bei dem sich

$$d \, \varDelta \, \varSigma \frac{m \, v^2}{2} = 0$$

ergibt. Begründet ist diese Definition damit, daß das Massensystem, wenn es zufällig in diesem Zustand in Ruhe ist und sich selbst überlassen bleibt, auch fernerhin in Ruhe bleibt, sofern jene Gleichung erfüllt ist. Man könnte hier einwenden, daß z. B. zwei Massen m_a und m_b von der Ruhe aus durch eine elementare Zustandsänderung solche Geschwindigkeiten u_a und u_b annehmen könnten, daß

$$d \, \frac{m_a v_a^2}{2} = + \frac{m_a u_a^2}{2} \, ,$$

aber

$$d \, \frac{m_b v_b^2}{2} = - \frac{m_b u_b^2}{2}$$

wäre, so daß

$$d \, \frac{m_a v_a^2}{2} + d \, \frac{m_b v_b^2}{2} = 0$$

sein könnte, ohne daß u_a und u_b einzeln $= 0$ wären; da aber in solchem Falle

$$\frac{m_b u_b^2}{2} = - x$$

wäre, so wäre u_b imaginär. Von der Ruhe aus ist jedes einzelne $d \frac{m \, v^2}{2}$ entweder positiv oder gleich Null. Wenn jene Gleichung erfüllt ist, so ist jedes $d \frac{m \, v^2}{2}$ von der Ruhe aus einzeln gleich Null, und diesen Zustand nennt man das mechanische Gleichgewicht.

Kann man nun für einen gewissen Zustand nachweisen, daß für alle mit den Bedingungen der Aufgabe verträglichen virtuellen Zustandsänderungen sich $\delta \, \varDelta \, \varSigma \frac{m \, v^2}{2}$ zu Null ergeben muß, dann ist dieser Zustand auch für die tatsächlich eintretende Zustandsänderung ein Zustand des mechanischen Gleichgewichtes. Man kann daher gewisse Charakteristiken des mechanischen Gleichgewichtes feststellen, ohne den betreffenden Zustand zuvor schon ermittelt zu haben.

XIII. Abschnitt.

Man nennt im Lauf einer wirklichen Zustandsänderung denjenigen Zustand einen Zustand des augenblicklichen thermischen Gleichgewichtes, bei dem alle am Wärmeaustausch beteiligten Körper eine und dieselbe Temperatur $(t + t_0)$ angenommen haben, denn es läßt sich experimentell nachweisen, daß zwischen Körpern gleicher Temperatur $(t + t_0)$ die Wärmewanderung ruht, solange andere Energiearten nicht eingreifen. Bezüglich der für verschiedene Stoffe als verschieden vorausgesetzten Konstanten t_0 wird auf spätere Schlußfolgerungen verwiesen.

Im thermischen Gleichgewichtszustand haben also alle Stäbe des Stabsystemes und das umgebende Bad eine und dieselbe Temperatur $(t + t_0)$. Jede elementare Zustandsänderung aus dem thermischen Gleichgewicht ist für jeden Stab einzeln notwendig „adiabatisch", weil die Wärmewanderung ruht. Ganz allgemein ist aber beim einzelnen Stabe nach Seite 25

$$d\,W_{\text{aufg}} = (t + t_0)\,d\eta = k_1 s\,F \cdot dt - \frac{s}{\omega}(t + t_0) \cdot dS\,;$$

bei einer nur virtuellen Zustandsänderung ist

$$\delta\,W_{\text{aufg}} = (t + t_0)\,\delta\eta = -\left(k_1 s\,F \cdot \delta t - \frac{s}{\omega}(t + t_0) \cdot \delta S\right),$$

mit dem Minuszeichen, weil nach Übereinkunft δt und δS Abnahmen sind.

Handelt es sich speziell um eine virtuelle Zustandsänderung aus einem thermischen Gleichgewicht heraus, so ist für jeden Stab einzeln, weil $\delta\,W_{\text{aufg}}$ (resp. $\delta\,W_z$) gleich Null sein muß, notwendig

$$\delta\eta = 0\,.$$

Man sieht hier schon eine gewisse Analogie zum mechanischen Gleichgewicht, denn dort mußte von der Ruhe aus einzeln jedes

$$\delta\, \frac{m\,v^2}{2} = 0$$

sein.

Wie beim mechanischen Gleichgewicht das Naturgesetz berücksichtigt wurde, daß es keine Geschwindigkeit gibt, deren Quadrat eine negative Größe wäre, muß nun auch hier ein bisher mit Stillschweigen übergangenes Naturgesetz beigezogen werden.

Die Erfahrung hat gelehrt, daß eine Wärmemenge dW_z nur von einem Körper a zu einem oder mehreren Körpern b übergehen kann, wenn

$$t_a + t_{0a} > t_b + t_{0b}$$

ist.

Nimmt man nur zwei Körper als Beispiel, so ist für den abgebenden Körper

$$d W_{\text{aufg}} = -q \,,$$

für den empfangenden Körper

$$d W_{\text{aufg}} = +q \,;$$

für den ersteren Körper ist daher

$$d\eta_a = -\frac{q}{t_a + t_{0a}} \,,$$

für den anderen ist

$$d\eta_b = +\frac{q}{t_b + t_{0b}} \,.$$

Denkt man sich die η beider Körper addiert, so ist mit diesem Wärmeaustausch verbunden

$$d \Sigma \eta = (d\eta_a + d\eta_b) = \left(-\frac{q}{t_a + t_{0a}} + \frac{q}{t_b + t_{0b}} \right) \,;$$

da aber der Austausch an die Bedingung gebunden ist, daß

$$t_a + t_{0a} > t_b + t_{0b}$$

ist, so ist dem Absolutwert nach

$$\left| \frac{q}{t_a + t_{0a}} \right| < \left| \frac{q}{t_b + t_{0b}} \right| \,.$$

und es ist immer

$$d \Sigma \eta > 0 .$$

Wird q mit den Anteilen q_1; q_2; q_3 usw. an verschiedene Körper 1; 2; 3 usw. abgegeben, so ist

$$d \Sigma \eta = (d\eta_a + d\eta_1 + d\eta_2 + d\eta_3 + \text{usw.})$$

$$= \left(-\frac{q}{t_a + t_{0a}} + \frac{q_1}{t_1 + t_{01}} + \frac{q_2}{t_2 + t_{02}} + \frac{q_3}{t_3 + t_{03}} + \text{usw.} \right),$$

weil aber

$$q = q_1 + q_2 + q_3 + \text{usw.}$$

ist, so ist

$$d \Sigma \eta = \left(-\frac{q_1}{t_a + t_{0a}} + \frac{q_1}{t_1 + t_{01}} \right) + \left(-\frac{q_2}{t_a + t_{0a}} + \frac{q_2}{t_2 + t_{02}} \right)$$

$$+ \left(-\frac{q_3}{t_a + t_{0a}} + \frac{q_3}{t_3 + t_{03}} \right) + \text{usw.}$$

Jede Klammer ist aber wegen des Naturgesetzes positiv, also ist ganz allgemein

$$d \Sigma \eta > 0 .$$

Wäre etwa in der letzten Formel $t_2 + t_{02} > t_a + t_{0a}$, so wäre notwendig q_2 negativ, d. h. q_2 wäre zurückgewanderte Wärme, die betreffende Klammer bliebe trotzdem positiv.

Da die Funktion η sich von der Funktion η' und durch eine Konstante unterscheidet, so ist auch, sofern Wärmewanderung stattfindet,

$$d \Sigma \eta' > 0 .$$

Nach Seite 27 führt η' den Namen „Entropie". Es hat sich demnach ergeben, daß — sofern ein Wärmeaustausch stattfindet — die über alle am Austausch beteiligte Körper ausgedehnte Entropiesumme eine Zunahme erfährt.

Infolge des Wärmeaustausches nähern sich die $(t_a + t_{0a})$; $(t_1 + t_{01})$; $(t_2 + t_{02})$ einander immer mehr; in dem Zustand, in dem sie alle einen gemeinschaftlichen Grenzwert angenommen haben, wird in dem entwickelten Ausdruck für $d \Sigma \eta$ jede Klammer für sich zu Null, also ist an der Grenze

$$d \Sigma \eta = d \Sigma \eta' = 0 .$$

Wenn aber alle $(t + t_0)$ gleich geworden sind, so ist nach Definition das thermische Gleichgewicht eingetreten. Die Entropiesumme ist bei Erreichung des thermischen Gleichgewichtes stationär. Im thermischen Gleichgewicht ist aber einzeln jedes $d\eta = d\eta' = 0$, weil jede Wärmewanderung aufgehört hat, also die q; q_1; q_2; q_3; usw. verschwinden.

Im hier vorliegenden Zusammenhange ist also die Analogie zwischen lebendiger Kraft und Entropie vollkommen, denn wie aus

$$d\,\Delta\,\Sigma\,\frac{m\,v^2}{2} = 0$$

folgte, daß von der mechanischen Ruhe aus einzeln für jede Masse

$$d\,\frac{m\,v^2}{2} = 0$$

war, so folgt aus

$$d\,\Sigma\,\eta' = 0 ,$$

daß im thermischen Gleichgewicht einzeln für jeden Körper

$$d\eta' = 0$$

ist.

Der Gedankengang zu letzterer Folgerung ist, kurz wiederholt, wie folgt: es ist

$$d\,\Sigma\,\eta' = (d\eta'_a + d\eta'_1 + d\eta'_2 + d\eta'_3 + \text{usw.})$$
$$= \left(-\frac{q}{t_a + t_{0a}} + \frac{q_1}{t_1 + t_{01}} + \frac{q_2}{t_2 + t_{02}} + \frac{q_3}{t_3 + t_{03}} + \text{usw.}\right)$$
$$= \left(-\frac{q_1}{t_a + t_{0a}} + \frac{q_1}{t_1 + t_{01}}\right) + \left(-\frac{q_2}{t_a + t_{0a}} + \frac{q_2}{t_2 + t_{02}}\right)$$
$$+ \left(-\frac{q_3}{t_a + t_{0a}} + \frac{q_3}{t_3 + t_{03}}\right) + \text{usw.},$$

wenn aber alle $(t + t_0)$ einander gleich geworden sind, so werden gleichzeitig in der letzten Gleichung alle Klammern einzeln zu Null und in der zweiten Gleichung einzeln alle q zu Null, also sind, wenn $d\,\Sigma\,\eta' = 0$ gesetzt wird, damit auch alle $d\eta' = 0$ festgelegt.

Beim einzelnen Stab ist aber

$$d\eta' = k_1\,s\,F\cdot\frac{dt}{t + t_0} - \frac{s}{\omega}\,dS ,$$

also ist, wenn $d\eta' = 0$ ist, notwendig

$$dt = \frac{\dfrac{s}{\omega}(t + t_0)}{k_1\, s\, F} \cdot dS,$$

man sieht hieraus, daß durch die Änderung dS der Federungskräfte die Temperaturen der Stäbe Abweichungen dt von der gemeinschaftlichen Temperatur $(t + t_0)$ annehmen, daß also infolge der dS die Wärmewanderung sich wieder einstellt, das ist eben die Folge des Eingreifens einer anderen Energieart in das thermische Gleichgewicht.

Sollte aber $d\Sigma\eta' = 0$ gewesen sein, die S sich aber verändern können, so würde, weil stets die Entropiesumme wächst, das nächste $d\Sigma\eta'$ wieder > 0 sein, also wäre $\Sigma\eta'$ zwar stationär gewesen, ein Maximum wäre es nicht gewesen; ihr Maximum erreicht die Entropiesumme erst, wenn alle $dS = 0$ bleiben müssen, wenn also überhaupt nichts mehr geschieht, es verlangt daher die endgültige Wärmeruhe gleichzeitig die mechanische Ruhe.

Als besonderer Vorzug der Entropie beim vollkommen elastischen Stab wurde Seite 26 hervorgehoben, daß sie nur eine Funktion des augenblicklichen Zustandes ist, beim Stab ist ja

$$\eta' = k_1\, s\, F \log(\tau + t_0) - \frac{s}{\omega} P$$

und entsprechend beim Bad

$$\eta'_{\text{Bad}} = K\, V \log(\vartheta + \vartheta_0),$$

weil die dem ω entsprechenden Größen gleich ∞ vorausgesetzt wurden.

Es wurde gefunden, daß $\Sigma\eta'$ stets im Zunehmen begriffen ist, weil immer $d\Sigma\eta' > 0$ war, die Formeln aber zeigen, daß einzeln η' vom Stab und η'_{Bad} immer wieder dieselben Werte annehmen könnten, da aber $\eta' + \eta'_{\text{Bad}}$ immer wächst, so ergibt sich, daß niemals wieder ein früherer Zustand des Stabes mit demjenigen Zustand des Bades zusammentreffen kann, der gleichzeitig mit jenem früheren Zustand des Stabes vorhanden war. Der Stab könnte wiederkehrend sich verlängern und verkürzen, niemals mehr würde die Entropiesumme von Stab und Bad zusammengenommen einen früher gehabten Wert wieder annehmen, natürlich unter der Voraussetzung, daß die Hülle des Bades wirklich wärmedicht ist.

Ähnliche Ergebnisse in anderen Teilen der Physik haben auf dem Wege der Verallgemeinerung die Ansicht hervorgerufen: Was auch geschehen mag, die Entropiesumme der unserer Beobachtung zugänglichen Welt schreitet unerbittlich ihrem Maximum zu, bei dessen Erreichung thermische und mechanische Todesruhe (Wärmetod) sich einstellen wird[1]).

Aus dem Resultat, daß bei vollkommener Elastizität die Entropiesumme $\Sigma \eta'$ im thermischen Gleichgewicht stationär ist,

---

[1]) Es ist zweckmäßig, an dieser Stelle auf folgendes aufmerksam zu machen. Beim vollkommen elastischen Stab ist

$$\frac{dW}{t + t_0} = d\eta\,,$$

also werden dW und $d\eta$ gleichzeitig zu Null. Bei einer Aufeinanderfolge von elementaren adiabatischen Zustandsänderungen bleibt nach Definition dW von der Größe Null, also ist für diese adiabatischen Zustandsänderungen jeweils $d\eta = 0$, d. h. die Entropie bleibt dabei konstant; daher kann man bei vollkommener Elastizität statt „adiabatisch" auch „isentropisch" sagen. Aufeinanderfolgende Zustandsänderungen eines vollkommen elastischen Stabes, die konstante Entropie bewahren, gehen ohne Wärmewanderung vor sich.

Ganz anders liegen die Verhältnisse bei dem im ersten Teil dieser Abhandlung betrachteten unvollkommen elastischen Stab. Für diesen wurde bei einer elementaren adiabatischen Zustandsänderung gefunden (wenn als Beispiel nur Druckbeanspruchung ins Auge gefaßt wird, Seiten 14 und 19), daß bei einer adiabatischen Drucksteigerung um dS ist

$$dt = \frac{ksFa + \frac{s}{\omega}(t + t_0)}{k_1 sF}\, dS\,,$$

bei einer adiabatischen Druckverminderung um $dS_1 \,|_{\text{absolut}}$ ist

$$dt_1 = -dt = \frac{-csFb + \frac{s}{\omega}(t + t_0)}{k_1 sF}\, |dS_1|\,,$$

oder

$$dt = \frac{csFb - \frac{s}{\omega}(t + t_0)}{k_1 sF}\, |dS_1|\,;$$

ganz allgemein ist aber rein algebraisch

$$(t + t_0)\, d\eta = k_1 sF \cdot dt - \frac{s}{\omega}(t + t_0) \cdot dS\,,$$

könnte durch Nullsetzung aller Variationen $\delta \Sigma \eta'$ ein solcher Zustand wohl ermittelt werden, es müßten aber so viele Nebenbedingungen mitgeführt werden, daß dieses Verfahren zu umständlich wird. Schneller führt zum Ziele das folgende inhaltlich auch näher liegende Verfahren, das sich an die Überlegung auf

worin dt und dS mitsamt ihrem Vorzeichen einzusetzen sind; also ist, wenn die beiden adiabatischen dt von oben eingesetzt werden, das eine Mal

$$(t + t_0)\, d\eta = \left(k\, s\, F\, a + \frac{s}{\omega}\, (t + t_0)\right) dS - \frac{s}{\omega}\, (t + t_0)\, dS = k\, s\, F\, a \cdot dS\,,$$

das andere Mal

$$(t + t_0)\, d\eta = c\, s\, F\, b\, |dS_1| - \frac{s}{\omega}\, (t + t_0)\, |dS_1| - \frac{s}{\omega}\, (t + t_0)\, (-dS_1) = c\, s\, F\, b\, |dS_1|\,.$$

Während bei einer plötzlichen also adiabatischen Zu- oder Abnahme der Stabkraft des vollkommen elastischen Stabes das η stationär bleibt, ruft beim unvollkommen elastischen Stab sowohl die adiabatische Zunahme als auch die adiabatische Abnahme der Stabkraft ein Wachstum von η hervor. Läßt man auch beim unvollkommen elastischen Stab der Funktion η die Benennung „Entropie", so ist bei diesem unvollkommen elastischen Stab „adiabatisch" nicht übereinstimmend mit „isentropisch".

Denkt man sich zwei unvollkommen elastische Stäbe unter sich in Wärmeaustausch, jedoch von der übrigen Welt thermisch abgeschlossen, und beim einen „α" nehme die Stabkraft zu, beim anderen „β" nehme die Stabkraft ab, dann ist

$$\frac{W_\alpha}{t_\alpha + t_{0\,\alpha}} = d\eta_\alpha - \frac{k_\alpha\, s_\alpha\, F_\alpha\, a_\alpha}{t_\alpha + t_{0\,\alpha}}\, dS_\alpha$$

und

$$\frac{W_\beta}{t_\beta + t_{0\,\beta}} = d\eta_\beta - \frac{c_\beta\, s_\beta\, F_\beta\, b_\beta}{t_\beta + t_{0\,\beta}}\, |dS_\beta|\,.$$

Ganz allgemein muß aber

$$\frac{W_\alpha}{t_\alpha + t_{0\,\alpha}} + \frac{W_\beta}{t_\beta + t_{0\,\beta}} = > 0$$

sein, weil Wärme durch Leitung nur vom kälteren der zwei Stäbe aufgenommen, vom wärmeren abgegeben werden kann; demnach ist auch

$$(d\eta_\alpha + d\eta_\beta) - \left\{\frac{k_\alpha\, s_\alpha\, F_\alpha\, a_\alpha}{t_\alpha + t_{0\,\alpha}}\, dS_\alpha + \frac{c_\beta\, s_\beta\, F_\beta\, b_\beta}{t_\beta + t_{0\,\beta}}\, |dS_\beta|\right\} = > 0\,,$$

$$(d\eta_\alpha + d\eta_\beta) = > \left\{\frac{k_\alpha\, s_\alpha\, F_\alpha\, a_\alpha}{t_\alpha + t_{0\,\alpha}}\, dS_\alpha + \frac{c_\beta\, s_\beta\, F_\beta\, b_\beta}{t_\beta + t_{0\,\beta}}\, |dS_\beta|\right\}\,;$$

der Inhalt der Klammer rechts ist immer positiv, weil sowohl Belastungszunahme als auch Belastungsabnahme beim unvollkommen elastischen Stab positive Wärme erzeugt, demnach ist, wo unvollkommen elastische Stäbe am Wärmeaustausch beteiligt sind,

$$d\,\Sigma\,\eta \text{ nicht nur } = > 0\,, \text{ sondern sogar } = > \text{ als etwas Positives,}$$

und nennt man auch in diesem Falle $\Sigma\,\eta$ die „Entropiesumme", so ist damit nachgewiesen, daß ganz allgemein bei jedem Stabsystem die Entropiesumme im Wachsen begriffen ist.

Seite 39 ff. anschließt, hier aber gleich auf ein in das wärmedicht eingehüllte Bad eingetauchtes Stabsystem ausgedehnt wird. Dieses Verfahren wird die auf Grund des Gesetzes von der Erhaltung der Energie erfolgende Aufstellung der Energiebilanz genannt.

In dem Zustand, in dem jeder der Stäbe in das Bad eingetaucht wird, bringt er die Energie mit

$$\frac{s}{EF}\frac{P^2}{2} - \frac{s}{\omega}P(\tau + t_0) + k_1 s F \tau + W' + \Sigma \frac{m\,v_1^2}{2}\;;$$

das Bad selbst enthält im Anfangszustand die Energie

$$\Phi' + K V \vartheta_1\,.$$

Durch die wärmedichte Hülle ist also ein für allemal eingeschlossen die Energie

$$\sum_{\substack{\text{alle}\\ \text{Stäbe}}}\left(\frac{s}{EF}\frac{P^2}{2} - \frac{s}{\omega}P(\tau + t_0) + k_1 s F \tau + W' + \Sigma \frac{m\,v_1^2}{2}\right) + \Phi' + K V \vartheta_1\,.$$

In einem beliebigen anderen Zustand enthalten die Stäbe und das Bad zusammen die Energie

$$\sum_{\substack{\text{alle}\\ \text{Stäbe}}}\left(\frac{s}{EF}\frac{S^2}{2} - \frac{s}{\omega}S(t + t_0) + k_1 s F t + W' + \Sigma \frac{m\,v_2^2}{2}\right) + \Phi' + K V \vartheta_2\,.$$

Zieht man den zweiten Betrag von dem ersten ab, so erhält man als Differenz

$$\sum_{\substack{\text{alle}\\ \text{Stäbe}}}\text{Vorrat}_1 - \sum_{\substack{\text{alle}\\ \text{Stäbe}}}\text{Vorrat}_2 + \sum_{\substack{\text{alle}\\ \text{Stäbe}}}\Sigma \frac{m\,v_1^2}{2} - \sum_{\substack{\text{alle}\\ \text{Stäbe}}}\Sigma \frac{m\,v_2^2}{2} + K V \vartheta_1 - K V \vartheta_2\;;$$

diese Differenz muß aber, weil alle anderen Energiearten berücksichtigt sind, gleich der inzwischen geleisteten Arbeit $\varDelta A$ sein, außerdem ist

$$\sum_{\substack{\text{alle}\\ \text{Stäbe}}}\Sigma \frac{m\,v_2^2}{2} - \sum_{\substack{\text{alle}\\ \text{Stäbe}}}\Sigma \frac{m\,v_1^2}{2} = \varDelta \sum_{\text{erzeugt}}\frac{m\,v^2}{2}\,,$$

also ist

$$\sum_{\substack{\text{alle}\\ \text{Stäbe}}}\text{Vorrat}_1 - \sum_{\substack{\text{alle}\\ \text{Stäbe}}}\text{Vorrat}_2 + K V \vartheta_1 - K V \vartheta_2 = \underset{\text{geleistet}}{\varDelta A} + \underset{\text{erzeugt}}{\varDelta \Sigma}\frac{m\,v^2}{2}\,,$$

woraus sich findet

$$\underset{\substack{\text{alle}\\\text{Stäbe}}}{\Sigma}\text{Vorrat}_2 + K V \vartheta_2 = \underset{\substack{\text{alle}\\\text{Stäbe}}}{\Sigma}\text{Vorrat}_1 + K V \vartheta_1 - \underset{\text{geleistet}}{\varDelta A} - \underset{\text{erzeugt}}{\varDelta \Sigma} \frac{m v^2}{2}\,.$$

Setzt man die konstanten Glieder

$$\underset{\substack{\text{alle}\\\text{Stäbe}}}{\Sigma}\text{Vorrat}_1 + K V \vartheta_1 = U_1\,,$$

so ist

$$\underset{\substack{\text{alle}\\\text{Stäbe}}}{\Sigma}\left(\frac{s}{EF}\frac{S^2}{2} - \frac{s}{\omega}S(t + t_0) + k_1 s F t + W'\right) + K V \vartheta_2$$

$$= U_1 - \underset{\text{geleistet}}{\varDelta A} - \underset{\text{erzeugt}}{\varDelta \Sigma}\frac{m v^2}{2}\,.$$

Ebensowenig wie $\left(\underset{\text{geleistet}}{\varDelta A} + \underset{\text{erzeugt}}{\varDelta \Sigma}\dfrac{m v^2}{2}\right)$ ohne Kenntnis der tatsächlich durchlaufenen Zustände angegeben werden kann, kann in dieser Gleichung auf der linken Seite das ϑ_2 angegeben werden.

Soll nun der zweite Zustand ein solcher thermischen Gleichgewichtes sein, so müssen sämtliche $t + t_0$ den gleichen Wert Θ haben, den auch beim Bad

$$\vartheta_2 + \vartheta_0$$

hat, also ist im thermischen Gleichgewicht

$$\underset{\substack{\text{alle}\\\text{Stäbe}}}{\Sigma}\left(\frac{s}{EF}\frac{S^2}{2} - \frac{s}{\omega}S\Theta + k_1 s F(\Theta - t_0) + W'\right) + K V(\Theta - \vartheta_0)$$

$$= U_1 - \underset{\text{geleistet}}{\varDelta A} - \underset{\text{erzeugt}}{\varDelta \Sigma}\frac{m v^2}{2}\,;$$

aus dieser Gleichung kann Θ berechnet werden in allen Fällen, wo das $\underset{\text{geleistet}}{\varDelta A}$ und das $\varDelta \Sigma\dfrac{m v^2}{2}$, die zu gegebenen S gehören, bekannt sind. Damit wäre die Frage nach der Bedingung des thermischen Gleichgewichtes beantwortet, die folgende Untersuchung soll nur den Anschluß an die vorausgegangenen Teile dieses Abschnittes wieder herstellen.

Das vollständige Differential der linken Seite der letzten Gleichung lautet

$$\underset{\substack{\text{alle}\\\text{Stäbe}}}{\Sigma}\left(\frac{s}{EF}S\cdot dS - \frac{s}{\omega}\Theta\cdot dS - \frac{s}{\omega}S\cdot d\Theta + k_1 s F\cdot d\Theta\right) + K V\cdot d\Theta\,,$$

so daß bei einer virtuellen Zustandsänderung, bei der nach Übereinkunft $+\delta S = -dS$ und bei den Stäben $+\delta\Theta = -d\Theta$, beim Bad aber $+\delta\Theta = d\Theta$ ist, sich ergibt

$$\sum_{\substack{\text{alle}\\\text{Stäbe}}}\left(-\frac{s}{EF}\,S\cdot\delta S + \frac{s}{\omega}\,\Theta\cdot\delta S + \frac{s}{\omega}\,S\cdot\delta\Theta - k_1\,s\,F\cdot\delta\Theta\right) + KV\cdot\delta\Theta;$$

die zugehörige Variation der rechten Seite jener Gleichung ist

$$0 - \left(\underset{\text{geleistet}}{\delta\varDelta A} + \delta\varDelta\varSigma\frac{m\,v^2}{2}\right),$$

also hat nach Seite 33 diese Variation den Wert

$$-\sum_{\substack{\text{alle}\\\text{Stäbe}}}\left(\frac{s}{EF}\,S\cdot\delta S - \frac{s}{\omega}\,S\cdot\delta\Theta\right),$$

weil ja $\delta t = \delta(\Theta - t_0) = \delta\Theta$ ist, doch kann dieses $\delta\Theta$ bei jedem Körper einen anderen Wert haben. Setzt man nunmehr die Variationen der beiden Seiten einander gleich, und streicht man links und rechts die gleichen Glieder bei jedem Stabe einzeln weg, so bleibt übrig, daß

$$\sum_{\substack{\text{alle}\\\text{Stäbe}}}\left(k_1\,s\,F\cdot\delta\Theta - \frac{s}{\omega}\,\Theta\cdot\delta S\right) - KV\cdot\delta\Theta = 0$$

ist. Diese ganze Gleichung kann man durch das gemeinschaftliche Θ dividieren, dann ist

$$\sum_{\substack{\text{alle}\\\text{Stäbe}}}\left(k_1\,s\,F\,\frac{\delta\Theta}{\Theta} - \frac{s}{\omega}\,\delta S\right) - KV\,\frac{\delta\Theta}{\Theta} = 0,$$

aber es ist

$$\Theta = t + t_0 = \vartheta + \vartheta_0,$$

während

$$\delta\Theta \text{ durch } \delta t \text{ resp. } \delta\vartheta$$

zu ersetzen ist, daher ist

$$\sum_{\substack{\text{alle}\\\text{Stäbe}}}\left(k_1\,s\,F\,\frac{\delta t}{t + t_0} - \frac{s}{\omega}\,\delta S\right) - KV\,\frac{\delta\vartheta}{\vartheta + \vartheta_0} = 0.$$

Nach Seite 42 und 46 bedeutet dies, daß

$$\sum_{\substack{\text{alle}\\\text{Stäbe}}}(-\delta\eta') - \delta\eta'_{\text{Bad}} = 0,$$

oder daß

$$\delta\,\varSigma\,\eta' = 0$$

ist, wie nicht anders zu erwarten war, weil im thermischen Gleichgewicht die Entropiesumme aller am Austausch der Wärme beteiligten Körper stationär ist.

Wenn in der Baustatik sehr häufig angenommen wird, daß im thermischen Gleichgewicht jeder Stab eine andere Temperatur hat, so ist stillschweigend vorausgesetzt, daß jeder Stab sein besonderes Bad hat, daß aber dabei alle Stäbe und alle Bäder sonst thermisch isoliert sind. Dann ist einzeln für das aus einem Stab und seinem Bad bestehende System

$$\delta(\eta'_{\text{Stab}} + \eta'_{\text{Bad}}) = 0 \,,$$

die Addition aller analogen Gleichungen ergibt natürlich auch in diesem Fall, daß

$$\delta \Sigma \eta' = 0$$

ist, wobei allerdings nicht jeder der Körper mit jedem anderen sich in Wärmeaustausch befindet.

XIV. Abschnitt.

Aus den von Voigt (Thermodynamik) angeführten Versuchen von Haga und den von Weyrauch (Wärmetheorie) angeführten Versuchen von Joule geht hervor, das t_0 für Stahldraht, für Neusilberdraht und für Kautschukstäbchen denselben Wert hat wie für die Gase. Bis zum Beweis des Gegenteiles kann man daher wohl annehmen, daß t_0 resp. ϑ_0 für alle Naturstoffe einen und denselben Wert hat, nämlich

$$t_0 = T + 273$$

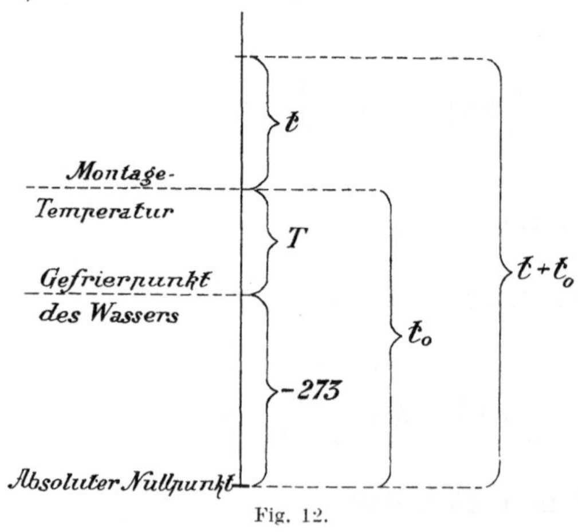

Fig. 12.

in Celsiusgraden, hierin bedeutet T die Montagetemperatur, von der aus die laufenden Temperaturen t hier gemessen werden (Fig. 12).

Es ist dann $(t + t_0)$ resp. $(\vartheta + \vartheta_0)$ die sogenannte „absolute Temperatur". Da es dann in der Natur eine negative absolute Temperatur nicht gibt, also $\log(t + t_0)$ resp. $\log(\vartheta + \vartheta_0)$ stets reell ist, so fällt die Seite 26 erwähnte Schwierigkeit fort.

Die Gleichheit des t_0 resp ϑ_0 für alle Körper hätte mit Nutzen schon Seite 42 erwähnt werden können, die Ableitungen erschienen aber klarer, wenn man vorläufig davon absah. Darin, daß beim Experiment im thermischen Gleichgewicht sich direkt alle t und ϑ gleich ergeben, ist schon ein Grund gegeben anzunehmen, daß auch alle t_0 und ϑ_0 gleich sind.

Setzt man in die Formel auf Seite 50 alle $E = \infty$ und alle $\omega = \infty$, das ΔA und das $\Delta\Sigma\dfrac{m\,v^2}{2}$ beide $= 0$, sowie $t_0 = \vartheta_0$ also $\Theta - t_0 = \Theta - \vartheta_0 = t_g$, so ergibt sich

$$\Sigma(k_1\,s\,F\,t_g + W') + K\,V\,t_g = \Sigma(k_1\,s\,F\,\tau + W') + K\,V\,\vartheta_1 \,,$$

woraus die beim thermischen Gleichgewicht sich einstellende Temperatur gefunden wird zu

$$t_g = \frac{\Sigma k_1\,s\,F\,\tau + K\,V\,\vartheta_1}{\Sigma k_1\,s\,F + K\,V} \,,$$

eine Formel, die aus der Experimentalphysik bekannt ist.

XV. Abschnitt.

Am Schlusse des XII. Abschnittes ist gesagt worden, daß man daraus, daß im mechanischen Gleichgewicht für alle mit den Voraussetzungen der Aufgabe verträglichen virtuellen Zustandsänderungen sich

$$\delta\,\Delta\Sigma\frac{m\,v^2}{2}$$

zu Null ergeben muß, gewisse Merkmale des mechanischen Gleichgewichtes feststellen kann, ohne den betreffenden Zustand zuvor schon ermittelt zu haben.

Dies soll nun an den zwei Beispielen des X. Abschnittes gezeigt werden.

Erstes Beispiel Fig. 10. Es ergab sich hier

$$\delta \Delta \Sigma \frac{m\,v^2}{2} = (S - \mu\,Q)\left(\frac{s}{E\,F}\,\delta S - \frac{s}{\omega}\,\delta t\right),$$

soll die rechte Seite dieser Gleichung zu Null werden, wenn δS und δt jeden beliebigen Wert annehmen können, so muß notwendigerweise

$$(S - \mu\,Q) = 0\,,$$

also

$$S = \mu\,Q$$

sein; es ist dies eine, in diesem Fall erschöpfende Bedingung des mechanischen Gleichgewichtes. Ganz unabhängig von den Temperaturverhältnissen des Stabes kann von mechanischem Gleichgewicht nur in dem Zustand die Rede sein, in welchem

$$S = \mu\,Q$$

ist.

Zweites Beispiel Fig. 11. Hier war

$$\delta \Delta \Sigma \frac{m\,v^2}{2} = (S_a - S_b - Q) \cdot \delta\lambda\,,$$

soll die rechte Seite dieser Gleichung zu Null werden, wenn $\delta\lambda$ jeden beliebigen Wert annehmen kann, so muß

$$(S_a - S_b - Q) = 0$$

also

$$S_a = S_b + Q$$

sein; es ist dies eine, in diesem Falle allerdings nicht erschöpfende Bedingung des mechanischen Gleichgewichtes, da S_b noch unbestimmt ist. Diese Bedingung ist von den Temperaturverhältnissen der zwei Stäbe formal unabhängig.

XVI. Abschnitt.

Da

$$\delta \Delta \Sigma \frac{m\,v^2}{2} = 0$$

ist im Zustand des mechanischen Gleichgewichtes, so ist damit gesagt, daß beim Durchgang durch den Zustand des mechanischen Gleichgewichtes die lebendige Kraft aller beteiligten Massen entweder ein Maximum oder ein Minimum ist. Sie ist ein Maximum, wenn das Gleichgewicht stabil, ein Minimum, wenn es labil ist[1]).

---

[1]) Vgl. meine Schrift: Von der Erhaltung der Energie und dem Gleichgewicht des nachgiebigen Körpers. Verlag von C. W. Kreidel. Wiesbaden 1905.

Dritter Teil.

XVII. Abschnitt.

Für einen ganz beliebigen Zustand des in ein gemeinschaftliches Bad eingetauchten Stabsystemes ergab auf Grund des Gesetzes von der Erhaltung der Energie die Aufstellung der Energiebilanz die Formel (Seite 50)

$$\sum_{\substack{\text{alle}\\ \text{Stäbe}}}\left(\frac{s}{EF}\frac{S^2}{2} - \frac{s}{\omega}S(t+t_0) + k_1 s F t + W'\right) + K V \vartheta$$
$$= U_1 - \underset{\text{geleistet}}{\varDelta A} - \underset{\text{erzeugt}}{\varDelta \Sigma}\frac{m v^2}{2}.$$

Sind alle Stäbe des Stabsystemes thermisch voneinander isoliert, und ist jeder von ihnen in ein gesondertes Bad getaucht, so kommt je ein von einem Bad herrührendes Glied zu den von dem zugehörigen Stab herrührenden Gliedern unter das Summenzeichen, in solchem Falle ist daher

$$\sum_{\substack{\text{alle}\\ \text{Stäbe}}}\left(\frac{s}{EF}\frac{S^2}{2} - \frac{s}{\omega}S(t+t_0) + k_1 s F t + W' + K V \vartheta\right)$$
$$= U_1 - \underset{\text{geleistet}}{\varDelta A} - \underset{\text{erzeugt}}{\varDelta \Sigma}\frac{m v^2}{2}.$$

Vervöllständigt man, indem man links und rechts für jedes Bad seine ursprüngliche Wärmemenge addiert, so erhält man, wenn noch

$$U_1 + \underset{\substack{\text{alle}\\ \text{Bäder}}}{\Sigma \Phi'} = U$$

gesetzt wird,

$$\sum_{\substack{\text{alle}\\ \text{Stäbe}}}\left(\frac{s}{EF}\frac{S^2}{2} - \frac{s}{\omega}S(t+t_0) + k_1 s F t + W' + K V \vartheta + \Phi'\right)$$
$$= U - \underset{\text{geleistet}}{\varDelta A} - \underset{\text{erzeugt}}{\varDelta \Sigma}\frac{m v^2}{2}.$$

Die Bedeutung dieser Formel wird klarer, wenn man sie, wie folgt, schreibt:

In dem Zustand, in dem S; t und ϑ für je ein aus Stab und Bad bestehendes Paar gilt, ist

$$\sum_{\substack{\text{alle} \\ \text{Stäbe}}} (\text{Vorrat}_{\text{Stab}} + \text{Vorrat}_{\text{Bad}}) = U - \underset{\text{geleistet}}{\varDelta A} - \underset{\text{erzeugt}}{\varDelta \varSigma} \frac{m\,v^2}{2}\;,$$

worin U den ganzen im Ausgangszustand an Federung und Wärme vorhandenen Energiebetrag bedeutet; dieses U ist natürlich unveränderlich.

Nun soll der der Betrachtung unterzogene Zustand ein solcher des mechanischen Gleichgewichtes sein. Gewisse Kriterien dieses Gleichgewichtszustandes ergibt die Vorschrift, daß für alle mit den Bedingungen der Aufgabe verträgliche virtuelle Zustandsänderungen sich

$$\delta\varDelta\varSigma\,\frac{m\,v^2}{2} = 0$$

ergeben muß.

Die Voraussetzungen sind aber bei den Aufgaben, um welche es sich hier handelt, Beziehungen zwischen den gleichzeitig vorhandenen Stablängen in dem Sinne, daß die relative Lage einzelner Punkte des Stabsystemes gegen nicht zum System gehörende unbewegliche Punkte unveränderlich oder nur auf gesetzmäßiger Bahn veränderlich ist, oder auch, daß die relative Lage einzelner Punkte des Systems gegeneinander gewisse Bedingungen erfüllen muß. Alle diese Voraussetzungen können auf die Form gebracht werden

$$f_1(\text{aller oder mancher } \varDelta s) = C_1\;,$$
$$f_2(\text{aller oder mancher } \varDelta s) = C_2\;,$$
$$\text{usw.}$$

Es sind daher nur solche Zustandsänderungen mit den Voraussetzungen der Aufgabe verträglich, die den Bedingungen

$$\sum_{\substack{\text{alle} \\ \text{Stäbe}}} \frac{\partial f_1}{\partial \varDelta s}\,\delta\varDelta s = 0\;,$$

$$\sum_{\substack{\text{alle} \\ \text{Stäbe}}} \frac{\partial f_2}{\partial \varDelta s}\,\delta\varDelta s = 0\;,$$

$$\text{usw.}$$

genügen. Die Anzahl dieser Nebenbedingungen muß, falls
das System überhaupt noch Längenänderungen $\delta \Delta s$ der Stäbe
soll erfahren können, kleiner sein als die Anzahl der zum System ge-
hörenden Stäbe. Enthält das System m Stäbe, und sind n Nebenbedingungen vorhanden, so sind in den n Gleichungen

$$\sum_{\substack{\text{alle} \\ \text{Stäbe}}} \frac{\partial f}{\partial \Delta s}\, \delta \Delta s = 0 ,$$

m verschiedene $\delta \Delta s$ vorhanden, davon sind also $(m - n)$ frei
wählbar, die übrigen aber müssen vermöge dieser n Gleichungen
durch die frei gewählten ausgedrückt werden.

Diejenigen Punkte des Systemes, deren Lage gegen nicht
zum System gehörende feste Punkte unveränderlich oder nur ge-
setzmäßig veränderlich ist, werden notwendig durch sogenannte
„Auflager" in diese Lage „gezwängt". Diese Auflager müssen
eine Widerstandskraft von solcher Größe haben, daß sie vom System nicht auf die Seite geschoben werden können, sie „reagieren" demnach gegen das System mit einer Kraft, die erst
„geweckt" wird, während die übrigen von außen auf das System wirkenden Kräfte „gegebene" Kräfte oder „Lasten"
sind. Die von außen auf das System wirkenden Kräfte, also die
Kräfte, gegen welche ΔA geleistet werden muß, zerfallen daher in
die „gegebenen Lasten" und in die „geweckten oder
bedingten Reaktionen".

Die Auflager können entweder feste Bolzengelenke resp.
Kugelgelenke sein, die nach zwei resp. drei zueinander recht-
winkeligen Richtungen reagieren, oder sie können Gleitlager
sein, die — wenn wie üblich reibungsloses Gleiten angenommen
wird — nur nach der zur Bahnlinie resp. Bahnfläche normalen
Richtung reagieren. Wollte man Reibung berücksichtigen, so
würde je nach der vorhandenen oder angestrebten Gleitrichtung
die Reaktion des Gleitlagers nach der einen oder anderen Seite
ber Normalen abweichen um den zugehörigen Reibungswinkel
die vorhandener, bei angestrebter Gleitung aber vielleicht um
einen kleineren Winkel.

Da die innere Reibung der Stäbe bisher außer Berücksichtigung blieb, soll auch die äußere Reibung vernachlässigt bleiben. Unter dieser Voraussetzung ist gegen die bedingten äußeren Kräfte keine Arbeit zu leisten, denn sie sind entweder unbeweglich oder ihr Angriffspunkt verschiebt sich normal zur Kraft. In $\varDelta A$ kommen also nur die gegen die gegebenen Lasten geleisteten Arbeiten vor.

Es ist schon gesagt worden, daß hinfort nur der Zustand des mechanischen Gleichgewichtes untersucht werden soll, es muß also

$$\delta \varDelta \Sigma \frac{m\,v^2}{2} = 0$$

gesetzt werden. Allgemein war aber (Seite 33)

$$\delta \varDelta \Sigma \frac{m\,v^2}{2} = \Sigma \left(\frac{s}{E\,F}\,S \cdot \delta S - \frac{s}{\omega}\,S \cdot \delta t \right) - \Sigma\,\delta \varDelta A\,;$$

es ist aber

$$\frac{s}{E\,F}\,S - \frac{s}{\omega}\,t = \varDelta s\,,$$

daher ist

$$\frac{s}{E\,F} \cdot \delta S - \frac{s}{\omega} \cdot \delta t = \delta \varDelta s\,,$$

wo $\delta \varDelta s$ hier eine Längenzunahme ist, weil ja δS und δt Abnahmen bedeuten. Man hat somit

$$\delta \varDelta \Sigma \frac{m\,v^2}{2} = \Sigma\,S \cdot \delta \varDelta s - \Sigma\,\delta \varDelta A\,,$$

welche Form der Gleichung übrigens nicht an das geradlinige Federungsgesetz gebunden ist; es brauchte hier der von S abhängende Teil von $\varDelta s$ nicht proportional mit S anzuwachsen, sondern könnte irgendeine Funktion von S sein.

Bezeichnet man nun die gegebenen Lasten mit Q und die Wege der Angriffspunkte dieser Kräfte aus dem angenommenen Gleichgewichtszustand heraus mit $\delta \lambda$, positiv dem Pfeile von Q entgegen, so ist

$$\delta \varDelta \Sigma \frac{m\,v^2}{2} = \Sigma\,S \cdot \delta \varDelta s - \Sigma\,Q \cdot \delta \lambda$$

zu setzen. Jedes $\delta\lambda$ läßt sich für den speziellen als Zustand des Gleichgewichtes angenommenen Zustand rein geometrisch als Funktion der ersten Potenzen aller $\delta\varDelta s$ ausdrücken, daher erscheint, wenn das System aus m Stäben besteht, das $\delta\varDelta\varSigma\dfrac{m\,v^2}{2}$ zuerst als Summe von m Gliedern von der Form

$$(\,.\,.\,.\,.\,.\,.\,.\,.\,.\,)\cdot\delta\varDelta s\,;$$

wegen der n Nebenbedingungen sind aber n der $\delta\varDelta s$ durch die $(m-n)$ übrigen auszudrücken, so daß schließlich $\delta\varDelta\varSigma\dfrac{m\,v^2}{2}$ als Summe erscheint von $(m-n)$ Klammerausdrücken, von denen jeder mit einem willkürlich gebliebenen $\delta\varDelta s$ multipliziert ist.

War aber der in Betracht gezogene Zustand ein solcher des mechanischen Gleichgewichtes, so war

$$\delta\varDelta\varSigma\frac{m\,v^2}{2}=0\,,$$

da aber die $(m-n)$ übriggebliebenen $\delta\varDelta s$ ganz willkürlich sind, so müssen die mit ihnen multiplizierten Klammerausdrücke einzeln zu Null werden. Damit zerfällt die Gleichung in $(m-n)$ voneinander unabhängige Gleichungen zwischen den m Stabkräften S und den gegebenen Lasten Q. Es können mit Hilfe dieser Gleichungen $(m-n)$ der Stabkräfte S durch die übrigen n Stabkräfte und die gegebenen Lasten Q, wie diese im Gleichgewicht vorliegen, ausgedrückt werden. Auf die Sonderfälle, die hier wie bei jedem Satz zusammengehöriger Gleichungen auftreten können, (Nenner-Determinante $= 0$, oder Zähler- und Nenner-Determinante gleichzeitig $= 0$, oder auch gleichzeitiges Verschwinden aller Koeffizienten einer der Gleichungen) soll nicht eingegangen werden.

Bei n Nebenbedingungen bleiben also auf diesem Wege n der Stabkräfte S unbestimmbar, man nennt die zugehörigen Stäbe die „überzähligen Stäbe" des Stabsystemes. Angenommen die n überzähligen S seien auf anderem Wege bekannt geworden, dann wären alle Stabkräfte für den speziellen als Zustand des mechanischen Gleichgewichtes angenommenen Zustand bekannt. Damit wären auch alle Reaktionen der Auflager bekannt, denn es müssen die Kräfte, mit welchen die Stabenden auf den aufgelagerten Punkt wirken, selbstverständlich je im Gleichgewicht sein mit der Kraft, mit der das Lager auf diesen aufgelagerten Punkt wirkt.

Ich gebe ohne weiteres zu, daß das hier vorgeführte Verfahren sich für die Ausführung nicht eignet, weil die Bestimmung der $\delta\lambda$ viel zu umständlich ist. In der Praxis wird man die Kräfte, mit welchen die Enden eines überzähligen Stabes auf die angeschlossenen beiderseitigen zwei Systempunkte wirken, als gegebene Lasten behandeln und die übrigen $(m - n)$ Stabkräfte S etwa nach dem Ritterschen Momentenverfahren resp. im Raum nach dem Landsbergschen Gelenkachsenverfahren[1]) berechnen als Funktionen der Q und der überzähligen S, dabei ist natürlich vorauszusetzen, daß man die als im Gleichgewicht verformt angenommene Gestalt des Stabsystemes schon kennt und aus ihr die erforderlichen Hebelsarme entnimmt. Wenn schon der hier vorgezeichnete Rechnungsgang praktisch nicht zweckmäßig ist, so hat er doch auf rein energetischem Wege zu dem Begriff der „überzähligen Stäbe" oder, wie man sie auch nennt, der „statisch Unbestimmten" geführt.

Erwähnt möge werden, daß die von Müller - Breslau und von Land begründete sogenannte „kinematische" Ermittelung der Einflußzahlen eine bewährte praktische Verwendung entsprechender energetischer Überlegungen ist.

Zum Unterschied von den n überzähligen Stabkräften S sollen die $(m - n)$ Stabkräfte S, die, wie vorstehend angegeben, durch die anderen ausgedrückt werden, die „notwendigen" Stabkräfte genannt werden.

Übrigens ist es immer zulässig, alle n überzähligen S als mathematisch von n anderen unabhängig Veränderlichen X abhängig zu denken, dann erscheinen auch die notwendigen $(m - n)$ Stabkräfte S als Funktionen eben dieser n verschiedenen X, die nunmehr als die statisch Unbestimmten bezeichnet werden können.

Man ist bis hierher jedenfalls in der Lage, für eine als mechanisches Gleichgewicht angenommene Verformung

---

[1]) Centralblatt der Bauverwaltung, Jahrgang 1903.

$(m - n)$ der Stabkräfte S durch die gegebenen Lasten Q, durch die überzähligen n übrigen noch unbestimmten Stabkräfte S als unabhängige Veränderliche und durch die zu der angenommenen Verformung gehörigen Neigungswinkel und Hebelarme, welche von den angenommenen verformten Stablängen a abhängen, auszudrücken.

Die n statisch unbestimmt gebliebenen überzähligen S können nun aus den n Nebenbedingungen

$$f_1 \text{(aller oder mancher } \varDelta s) = C_1 \, ,$$
$$f_2 \text{(aller oder mancher } \varDelta s) = C_2 \, ,$$
$$\text{usw.}$$

ermittelt werden, wenn die zu der angenommenen Verformung gehörigen Neigungswinkel und Hebelarme benützt werden, und wenn in

$$\varDelta s = \frac{s}{EF} S - \frac{s}{\omega} t$$

das S als die dem Gleichgewicht entsprechende Funktion der überzähligen S eingesetzt wird.

Es wäre aber ein großer Zufall, wenn nach geschehener Rechnung die nachträgliche Kontrolle für jeden einzelnen der m Stäbe ergäbe, daß die angenommene Stablänge a übereinstimmt mit dem errechneten Zahlenwert

$$s \left(1 - \frac{1}{EF} S + \frac{t}{\omega} \right) .$$

Man müßte daher von vornherein ganz allgemein alle Neigungswinkel und Hebelarme als Funktionen nicht der angenommenen Stablängen a, sondern der noch unbekannten Stablängen

$$s \left(1 - \frac{1}{EF} S + \frac{t}{\omega} \right)$$

ausdrücken. Dieses ganz genaue Verfahren führt zu Gleichungen, die, wenn sie überhaupt lösbar sind, einen großen Aufwand an Zeit zur Lösung erfordern. Es möge aber vorausgesetzt sein, die Lösung sei geglückt, wie es im allgemeinen der Fall ist, wenn die verformte Stablänge a sich nur so weit hinten in den Dezimalen von der Montagelänge s des Stabes unterscheidet, daß ruhig alle

Hebelarme und alle Neigungen für alle Zustände statt mit den a mit den s gerechnet werden können; die einzige Kautele, die man mitführen muß, ist dann eben die, daß man sich vor Augen halten muß, daß vielleicht weitere Lösungen, bei denen a sich erheblich von s unterscheidet, der Feststellung sich entzogen haben (Knickung).

Da für das im vorstehenden geschilderte Verfahren charakteristisch ist, daß die n überzähligen S so bestimmt werden, daß die n Nebenbedingungen erfüllt werden, so heißt diese Art der Lösung die „geometrische". Man kann aber auch auf „energetischem" Wege die Lösung herbeiführen.

XVIII. Abschnitt.

In der allgemeinen Bilanzgleichung

$$\sum_{\substack{\text{alle} \\ \text{Stäbe}}} \left(\frac{s}{EF} \frac{S^2}{2} - \frac{s}{\omega} S(t + t_0) + k_1 s F t + W' + K V \vartheta + \Phi' \right)$$
$$= U - \underset{\text{geleistet}}{\Delta A} - \underset{\text{erzeugt}}{\Delta \Sigma} \frac{m v^2}{2}$$

ist nach Seite 28 von der ganzen links detaillierten Energiemenge nur der Betrag

$$\sum_{\substack{\text{alle} \\ \text{Stäbe}}} \frac{s}{EF} \frac{S^2}{2}$$

als mechanisches Arbeitsvermögen der Federung angelegt, und rechts ist der Betrag

$$\underset{\text{geleistet}}{\Delta A}$$

neu als mechanisches Arbeitsvermögen der Lasten angelegt. Schreibt man die Gleichung wie folgt,

$$\sum_{\substack{\text{alle} \\ \text{Stäbe}}} \frac{s}{EF} \frac{S^2}{2} + \underset{\text{geleistet}}{\Delta A} = U - \Delta \Sigma \frac{m v^2}{2}$$
$$- \sum_{\substack{\text{alle} \\ \text{Stäbe}}} \left(k_1 s F t - \frac{s}{\omega} S(t + t_0) + W' + K V \vartheta + \Phi' \right),$$

so ist alles variable augenblicklich angelegte mechanische Arbeitsvermögen links vom Gleichheitszeichen zusammengefaßt.

Und nun behaupte ich, daß folgendes Naturgesetz besteht:
Von allen˙den mechanischen Gleichgewichtszuständen, die man bei unveränderten Stabtemperaturen t (isothermisch) durch Variation der n überzähligen Stabkräfte S formal erhalten kann, ist derjenige der wirkliche Zustand des mechanischen Gleichgewichtes, in welchem bei den vorgeschriebenen Stabtemperaturen t und unter Einhaltung der n Nebenbedingungen der Aufgabe die n überzähligen S das angelegte mechanische Arbeitsvermögen

$$\sum_{\substack{\text{aller } m \\ \text{Stäbe}}} \frac{s}{EF} \frac{S^2}{2} + \Delta A_{\text{geleistet}}$$

zu seinem Minimum machen.

Daß dieses Gesetz erfüllt sein muß, kann man nicht mathematisch ableiten, die Erfahrung oder auch Vergleichsrechnungen lehren, daß es besteht. Ebenso wie ein Gewicht der tiefsten Lage zustrebt, die mit den Nebenumständen verträglich ist, sinkt bei unveränderten Stabtemperaturen das Arbeitsvermögen

$$\sum_{\substack{\text{aller } m \\ \text{Stäbe}}} \frac{s}{EF} \frac{S^2}{2} + \Delta A_{\text{geleistet}}$$

auf den kleinsten Wert, den anzunehmen ihm die Voraussetzungen der Aufgabe erlauben. Es handelt sich um eine Erscheinung, die **Ostwalds Prinzip vom größten Energieumsatz**[1] bestätigt, denn es kann hier das mechanische „Geschehen" nur aufhören, wenn das mechanische Arbeitsvermögen aus sich heraus nichts mehr zu leisten vermag, also sich nach Maßgabe der Nebenumstände erschöpft hat.

XIX. Abschnitt.

Der wirkliche Zustand des mechanischen Gleichgewichtes ist erreicht, wenn bei den vorgeschriebenen Stabtemperaturen t und unter Einhaltung der n Nebenbedingungen der Aufgabe die n

---

[1] Lehrbuch der Allg. Chemie 1892.

überzähligen Stabkräfte S das angelegte mechanische Arbeitsvermögen

$$\sum_{\substack{\text{aller } m \\ \text{Stäbe}}} \frac{s}{E\,F}\,\frac{S^2}{2} + \varDelta A_{\text{geleistet}}$$

zu seinem Minimum machen.

Nun gilt es die Methodik für das Aufsuchen dieses an Nebenbedingungen gebundenen Minimums festzustellen.

Bezeichnet man mit a die im Gleichgewicht verformte Länge eines der n überzähligen Stäbe, so ist, weil für diesen Stab eine Temperatur t_a vorgeschrieben ist,

$$a = s_a \left(1 - \frac{S_a}{E_a\,F_a} + \frac{t_a}{\omega_a} \right);$$

solcher a gibt es die Anzahl n.

Wählt man aus der Anzahl $(m - n)$ der notwendigen Stäbe eine Gruppe in der Anzahl n heraus, und bezeichnet man mit b die im Gleichgewicht verformte Länge eines aus dieser Gruppe von notwendigen Stäben, so ist, weil für diesen Stab eine Temperatur t_b vorgeschrieben ist,

$$b = s_b \left(1 - \frac{S_b}{E_b\,F_b} + \frac{t_b}{\omega_b} \right);$$

solcher b gibt es die Anzahl n.

Nun sind von den notwendigen Stäben noch $(m - 2\,n)$ übrig, ihre verformte Länge sei c.

Die Nebenbedingungen kann man mit Hilfe der Trigonometrie der zum verformten System aneinander gereihten Stabdreiecke von den Seitenlängen a usw., b usw. und c usw. immer auf die Form bringen

$$f_1 \text{ (aller oder mancher } a;b;c) = L_1\,,$$
$$f_2 \text{ (aller oder mancher } a;b;c) = L_2\,,$$
$$\text{usw.}$$

Solcher Gleichungen gibt es die Anzahl n.

Für die weitere Behandlung erweist es sich als zweckmäßig, nicht die Stabkraft S_a selbst als „statisch Unbestimmte", d. h.

als unabhängige Veränderliche zu nehmen, sondern vermöge der Gleichung

$$S_a = E_a \, F_a \left(1 + \frac{t_a}{\omega_a} - \frac{a}{s_a} \right)$$

die verformte Länge a dieses überzähligen Stabes. Hinfort sind somit die n verschiedenen a die Veränderlichen, welche das angelegte Arbeitsvermögen zu seinem Minimum machen müssen.

Drückt man nunmehr vermöge der angeschriebenen n Nebenbedingungen die n Stück b als Funktionen der noch willkürlichen a aus, so hat man es erreicht, daß die Nebenbedingungen der Aufgabe eingehalten bleiben. Es erscheint also von jetzt an jedes der n Stück b in der Form

$$b = \text{Funktion (aller oder mancher } a \text{ und } c),$$

aus der allerdings noch c eliminiert werden muß. Die zugehörigen Stabkräfte sind

$$S_b = E_b \, F_b \left(1 + \frac{t_b}{\omega_b} - \frac{b}{s_b} \right),$$

solcher S_b gibt es die Anzahl n.

Die übrigen $(m - 2\,n)$ notwendigen Stabkräfte S_c lassen sich zwar nicht direkt als Funktionen der a darstellen, vermöge der Bedingung

$$\delta \varDelta \Sigma \frac{m\,v^2}{2} = 0$$

aber, beziehungsweise nach dem Ritterschen oder Landsbergschen Verfahren lassen sich diese $(m - 2\,n)$ Stabkräfte durch die n verschiedenen S_a, durch die n verschiedenen S_b und durch die gegebenen Lasten Q ausdrücken, so daß auch jedes S_c als Funktion der a und c erscheint. Da aber andererseits

$$S_c = E_c \, F_c \left(1 + \frac{t_c}{\omega_c} - \frac{c}{s_c} \right)$$

ist, so kann durch Gleichsetzen der zwei gefundenen Werte des S_c das c berechnet bzw. eliminiert werden.

Nunmehr sind alle S_a, alle S_b und alle S_c nur noch Funktionen der n verschiedenen a als unanhängiger Veränderlichen, dabei hat man die Gewißheit, daß die vorgeschriebenen Temperaturen und die Nebenbedingungen eingehalten werden. Man kann also schon die Differentialquotienten

$$\frac{\partial}{\partial a} \sum_{\substack{\text{aller } m \\ \text{Stäbe}}} \frac{s}{EF} \frac{S^2}{2}$$

des angelegten Federungsvermögens der Reihe nach für alle a bilden.

Den Wert für

$$\Delta A_{\text{geleistet}}$$

wirklich auszurechnen, dafür liegt kein Bedürfnis vor. Da nämlich alle Dreieckseiten b und c als Funktionen der willkürlich veränderlichen Dreieckseiten a bekannt sind, so können die Wege $d\lambda$, welche die Angriffspunkte der gegebenen Lasten Q dem Pfeilsinne dieser entgegen zurücklegen, auf die Form gebracht werden

$$d\lambda = \text{Funktion aller oder mancher } da\,,$$

dann ist

$$d\Delta A_{\text{geleistet}} = \Sigma Q \cdot d\lambda$$

und

$$\frac{\partial \Delta A}{\partial a} = \Sigma Q \frac{\partial \lambda}{\partial a}\,.$$

Damit das ganze angelegte Arbeitsvermögen zu seinem Minimum werde, müssen die n Gleichungen

$$\frac{\partial}{\partial a} \sum_{\substack{\text{aller } m \\ \text{Stäbe}}} \frac{s}{EF} \frac{S^2}{2} + \Sigma Q \frac{\partial \lambda}{\partial a} = 0$$

erfüllt sein, außerdem müßten genau genommen noch verschiedene Ausdrücke untersucht werden, die aus den partiellen Differentialquotienten höherer Ordnung zusammenzusetzen sind, sie würden über die größere oder mindere Stabilität des gefundenen Gleichgewichtes Aufschluß geben.

Hat man aus den n sich ergebenden Gleichungen die endgültigen Werte für die a gerechnet, so kann man Schritt für Schritt den Rechnungsgang rückwärts machend die S_a, die S_b und die S_c mit ihren endgültigen Beträgen angeben. Es ist nicht ausgeschlossen, daß mehrere Zustände des Gleichgewichtes vorhanden sein können; in der Baustatik interessiert nur — wenn es sich nicht speziell um Knickerscheinungen handelt — das stabile Gleichgewicht, das sich am wenigsten von der Montagegestalt des Systems entfernt.

XX. Abschnitt.

Zur Veranschaulichung diene das folgende Beispiel.

Drei Stäbe s_a; s_b und s_c wurden auf die Zustände P_a und τ_a; P_b und τ_b sowie P_c und τ_c gebracht und geradlinig aneinander

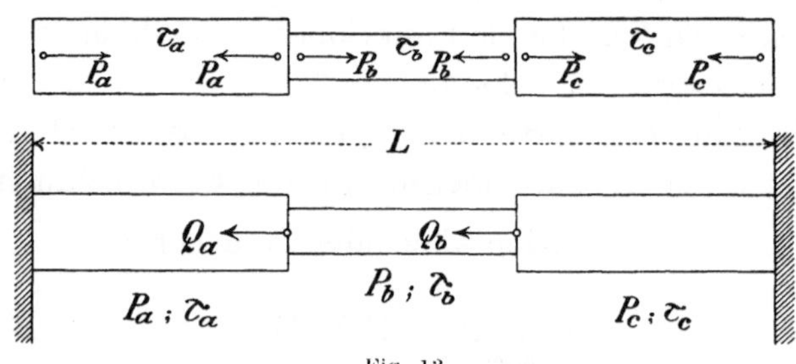

Fig. 13.

gereiht (Fig. 13); dann wurden an die Endflächen feste Wände angerückt und festgestellt, und schließlich wurden, wie in Fig. 11 gezeigt, mittels Rollen und gewichtsloser Ketten die Gewichte Q_a

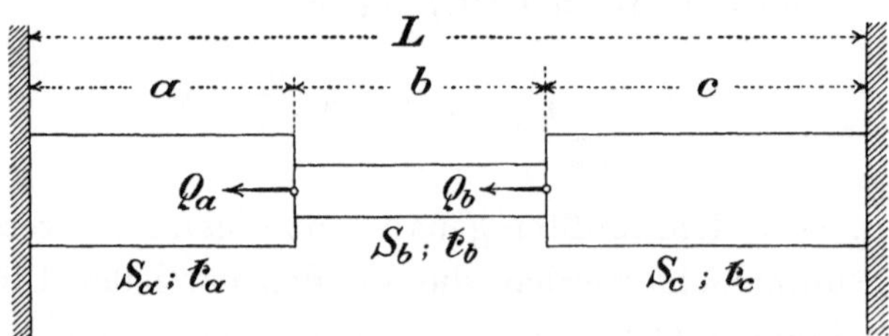

Fig. 14.

und Q_b durch auf Druck und Zug wirksame Verbindungen an die inneren Berührungsflächen der Stäbe angehängt. Nun erst wurden die P und τ freigegeben; die entstandenen Schwingungen mögen in der Konfiguration der Figur 14 bei den vorgeschriebenen Temperaturen t_a; t_b und t_c das mechanische Gleichgewicht passieren.

Die festgestellten Wände haben den unveränderlichen Abstand

$$L = s_a - \frac{s_a}{E_a F_a} P_a + \frac{s_a}{\omega_a} \tau_a + s_b - \frac{s_b}{E_b F_b} P_b + \frac{s_b}{\omega_b} \tau_b$$
$$+ s_c - \frac{s_c}{E_c F_c} P_c + \frac{s_c}{\omega_c} \tau_c$$

bekommen, während die Montagelänge der drei Stäbe zusammen

$$s_a + s_b + s_c$$

ist.

Die Nebenbedingung ist also die, daß in jedem Zustand die Summe der verformten Stablängen gleich L bleibt, man hat daher die Vorschrift

$$a + b + c = L\,,$$

worin

$$a = s_a - \frac{s_a}{E_a F_a} S_a + \frac{s_a}{\omega_a} t_a\,,$$

$$b = s_b - \frac{s_b}{E_b F_b} S_b + \frac{s_b}{\omega_b} t_b\,,$$

$$c = s_c - \frac{s_c}{E_c F_c} S_c + \frac{s_c}{\omega_c} t_c\,,$$

zu denken ist.

Nähme man Stab s_a heraus, so wäre die Nebenbedingung außer Wirksamkeit gesetzt, und es wäre einfach Stab s_b mit Q_a auf Zug und Stab s_c mit $Q_a + Q_b$ auf Zug beansprucht, dabei müßte man sich allerdings an den Berührungsstellen etwa Leimfugen denken. Man kann daher S_a zur statisch unbestimmten Stabkraft nehmen, und es sei hinfort die verformte Stablänge a die willkürliche Veränderliche.

Man hat also

$$b + c = L - a$$

zu setzen.

Die elementare Gleichgewichtsbedingung für den Befestigungspunkt von Q_b ergibt

$$S_b = Q_b + S_c\,,$$

daher stehen b und c zueinander in der Beziehung

$$E_b F_b \left(1 + \frac{t_b}{\omega_b} - \frac{b}{s_b} \right) = Q_b + E_c F_c \left(1 + \frac{t_c}{\omega_c} - \frac{c}{s_c} \right)$$

oder

$$c = s_c\left(1 + \frac{t_c}{\omega_c}\right) + \frac{s_c}{E_c F_c} Q_b - \frac{s_c}{E_c F_c} \frac{E_b F_b}{s_b} s_b\left(1 + \frac{t_b}{\omega_b}\right) +$$
$$+ \frac{s_c}{E_c F_c} \frac{E_b F_b}{s_b} b \, ,$$

und es ist schließlich nach Elimination von c aus der Nebenbedingung

$$b = \frac{L - s_c\left(1 + \dfrac{t_c}{\omega_c}\right) - \dfrac{s_c}{E_c F_c} Q_b + \dfrac{s_c}{E_c F_c} \dfrac{E_b F_b}{s_b} s_b\left(1 + \dfrac{t_b}{\omega_b}\right) - a}{\dfrac{E_b F_b}{s_b}\left(\dfrac{s_b}{E_b F_b} + \dfrac{s_c}{E_c F_c}\right)} \, .$$

Wenn man b durch diese Formel als Funktion von a ausgedrückt sich denkt, so sind hinfort die Stabkräfte folgende Funktionen der unabhängigen Variablen a

$$S_a = E_a F_a\left\{\left(1 + \frac{t_a}{\omega_a}\right) - \frac{a}{s_a}\right\} \, ,$$
$$S_b = E_b F_b\left\{\left(1 + \frac{t_b}{\omega_b}\right) - \frac{b}{s_b}\right\} \, ,$$
$$S_c = E_b F_b\left\{\left(1 + \frac{t_b}{\omega_b}\right) - \frac{b}{s_b}\right\} - Q_b \, ,$$

und es ist eine einfache Sache

$$\Sigma \frac{s}{E F} \cdot \frac{S^2}{2}$$

nach a zu differentiieren, dabei ist

$$\frac{db}{da} = - \frac{\dfrac{s_b}{E_b F_b}}{\dfrac{s_b}{E_b F_b} + \dfrac{s_c}{E_c F_c}} \, .$$

Nun muß noch $\dfrac{d}{da} \varDelta A$ gebildet werden.

Wenn a um da wächst, so ist für Q_a das $d\lambda = da$, und der zugehörige Zuwachs von $\varDelta A$ ist $+ Q_a \cdot da$; wenn a um da und b um db wächst, so ist für Q_b das $d\lambda = da + db$ und der zugehörige Zuwachs von $\varDelta A$ ist $+ Q_b (da + db)$; es ist daher

$$\frac{d}{da} \varDelta A = Q_a + Q_b + Q_b \frac{db}{da} \, .$$

Aus der Bedingung

$$\frac{d}{da}\, \Sigma\, \frac{s}{EF}\, \frac{S^2}{2} + \frac{d}{da}\, \varDelta A = 0$$

ergibt sich

$$a = \frac{\left\{\left(\dfrac{s_b}{E_b F_b} + \dfrac{s_c}{E_c F_c}\right)\dfrac{E_a F_a}{s_a} s_a\left(1 + \dfrac{t_a}{\omega_a}\right) + L - s_b\left(1 + \dfrac{t_b}{\omega_b}\right) - s_c\left(1 + \dfrac{t_c}{\omega_c}\right) - \left(\dfrac{s_b}{E_b F_b} + \dfrac{s_c}{E_c F_c}\right) Q_a - \dfrac{s_c}{E_c F_c}\, Q_b\right\}}{\dfrac{E_a F_a}{s_a}\left(\dfrac{s_a}{E_a F_a} + \dfrac{s_b}{E_b F_b} + \dfrac{s_c}{E_c F_c}\right)}\; ;$$

dies ist der Wert der verformten Stablänge a, welcher bei den vorgeschriebenen Temperaturen und unter Einhaltung der Nebenbedingung das angelegte mechanische Arbeitsvermögen zu seinem Minimum macht.

Setzt man
$$s_a + s_b + s_c - L = C\,,$$

so nehmen schließlich die zugehörigen Stabkräfte folgende Form an, es ist

$$S_a = \frac{C + \dfrac{s_a}{\omega_a} t_a + \dfrac{s_b}{\omega_b} t_b + \dfrac{s_c}{\omega_c} t_c + \left(\dfrac{s_b}{E_b F_b} + \dfrac{s_c}{E_c F_c}\right) Q_a + \dfrac{s_c}{E_c F_c} Q_b}{\dfrac{s_a}{E_a F_a} + \dfrac{s_b}{E_b F_b} + \dfrac{s_c}{E_c F_c}}\,,$$

$$S_b = \frac{C + \dfrac{s_a}{\omega_a} t_a + \dfrac{s_b}{\omega_b} t_b + \dfrac{s_c}{\omega_c} t_c - \dfrac{s_a}{E_a F_a} Q_a + \dfrac{s_c}{E_c F_c} Q_b}{\dfrac{s_a}{E_a F_a} + \dfrac{s_b}{E_b F_b} + \dfrac{s_c}{E_c F_c}}\,,$$

$$S_c = \frac{C + \dfrac{s_a}{\omega_a} t_a + \dfrac{s_b}{\omega_b} t_b + \dfrac{s_c}{\omega_c} t_c - \dfrac{s_a}{E_a F_a} Q_a - \left(\dfrac{s_a}{E_a F_a} + \dfrac{s_b}{E_b F_b}\right) Q_b}{\dfrac{s_a}{E_a F_a} + \dfrac{s_b}{E_b F_b} + \dfrac{s_c}{E_c F_c}}\,.$$

Erweitert man zur Probe die rechten Seiten dieser Gleichungen oben und unten mit F_a, und setzt man dann $F_a = 0$, so ergibt sich

$$S_a = 0\,,$$
$$S_b = -Q_a\,,$$
$$S_c = -(Q_a + Q_b)\,,$$

wie früher für das nur die notwendigen Stäbe enthaltende System schon erwähnt worden ist, es sind ja nach Voraussetzung negative Stabkräfte Zugkräfte.

XXI. Abschnitt.

Als weiteres Beispiel möge die folgende Aufgabe dienen.

In Fig. 15 sind die Stäbe b und c in jeder Beziehung einander gleich, der dargestellte Zustand sei der des Gleichgewichtes bei den vorgeschriebenen Temperaturen t_a und $t_b = t_c$, es ist somit vollständige Symmetrie vorhanden, und als die hier erforderliche eine elementare Gleichung für das Gleichgewicht ergibt sich von selbst

$$S_c = S_b \cdot$$

Die Nebenbedingung hat hier die Form

$$b^2 = (a - e)^2 + \xi^2 \,;$$

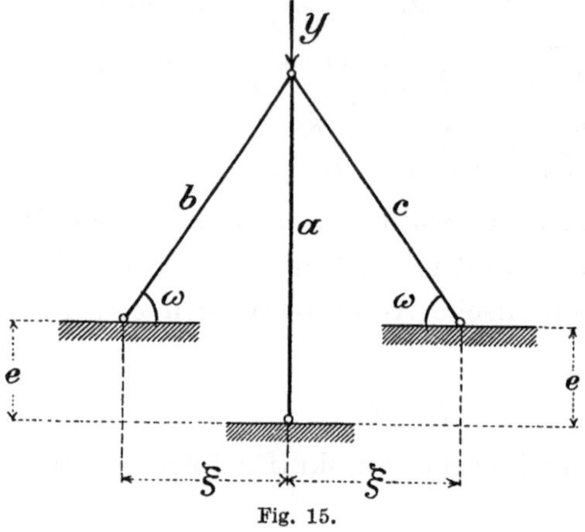

Fig. 15.

macht man die beschränkende Voraussetzung, daß e klein genug ist, daß e^2 erst in den zu vernachlässigenden Dezimalen zum Vorschein kommt, so ist

$$b^2 = a^2 - 2\,a\,e + \xi^2 \cdot$$

Es ist aber

$$a = s_a \left\{ 1 + \left(\frac{t_a}{\omega_a} - \frac{S_a}{E_a F_a} \right) \right\},$$

also ist, wenn $\left(\dfrac{t_a}{\omega_a} - \dfrac{S_a}{E_a F_a} \right)^2$ als zu vernachlässigen gelten darf,

$$a^2 = s_a^2 \left\{ 1 + 2 \left(\frac{t_a}{\omega_a} - \frac{S_a}{E_a F_a} \right) \right\},$$

und die Nebenbedingung wird zu

$$b^2 = [s_a^2 + \xi^2] + 2 s_a^2 \left(\frac{t_a}{\omega_a} - \frac{S_a}{E_a F_a} \right) - 2\,a\,e \,;$$

da aber

$$S_a = E_a F_a \left(1 + \frac{t_a}{\omega_a} - \frac{a}{s_a} \right)$$

ist, so hat man

$$b^2 = [s_a^2 + \xi^2] + 2 s_a^2 \left(- 1 + \frac{a}{s_a} - \frac{e}{s_a^2} a \right) \,;$$

in dem Produkt $a \cdot e$ können aber die Glieder von a, welche mit e multipliziert Größen von zu vernachlässigender Ordnung ergeben, gleich weggelassen werden, d. h. a wird in dem Produkt $a \cdot e$ durch s_a ersetzt, dann ist

$$b^2 = [s_a^2 + \xi^2] - 2s_a^2\left(1 - \frac{a}{s_a} + \frac{e}{s_a}\right).$$

Nun kann zwar $[s_a^2 + \xi^2]$ jeden beliebigen Wert haben, denn s_a war willkürlich und ξ war willkürlich, der Einfachheit halber soll die — hier für die Methodik nicht notwendige — beschränkende Voraussetzung gemacht werden, daß die Montage nach Fig. 16 mit $e = 0$ projektiert war, und daß die Senkung e erst bemerkt werden konnte, als es zu spät war, die natürlichen Längen s_a und $s_b = s_c$ der Stäbe zu ändern. In diesem Falle ist nach Fig. 16

$$s_a^2 + \xi^2 = s_b^2 ,$$

so daß jetzt

$$b^2 = s_b^2\left(1 - 2\,\frac{s_a^2}{s_b^2}\left[1 - \frac{a}{s_a} + \frac{e}{s_a}\right]\right)$$

ist, oder mit den bisher zugelassenen Vernachlässigungen

$$b = s_b\left(1 - \frac{s_a^2}{s_b^2}\left[1 - \frac{a}{s_a} + \frac{e}{s_a}\right]\right),$$

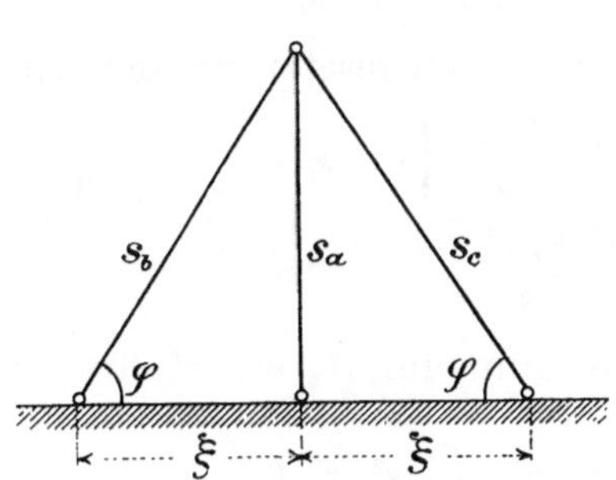

Fig. 16.

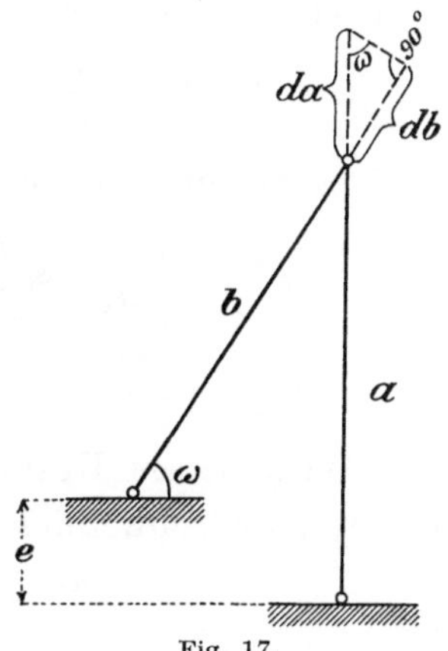

Fig. 17.

dazu gehört

$$db = \frac{s_a}{s_b}\,da ,$$

aus Fig. 17 aber findet sich

$$db = \sin\omega \cdot da ,$$

während aus Fig. 16 folgt

$$\sin \varphi = \frac{s_a}{s_b},$$

demnach ist innerhalb der vorhandenen Genauigkeit das noch unbekannte *sin ω* durch das für die Montage projektierte *sin φ* ersetzbar.

Nun hat man

$$\frac{d}{da}\left\{\frac{s_a}{E_a F_a}\frac{S_a^2}{2} + 2\frac{s_b}{E_b F_b}\frac{S_b^2}{2} + \underset{\text{geleistet}}{\Delta A}\right\} = 0$$

zu setzen; es ist aber

$$S_a = E_a F_a\left(1 + \frac{t_a}{\omega_a} - \frac{a}{s_a}\right),$$

$$dS_a = -\frac{E_a F_a}{s_a}da,$$

$$S_b = E_b F_b\left(1 + \frac{t_b}{\omega_b} - \frac{b}{s_b}\right),$$

$$dS_b = -\frac{E_b F_b}{s_b}db,$$

$$d\Delta A = +Y da,$$

also ist

$$-E_a F_a\left(1 + \frac{t_a}{\omega_a} - \frac{a}{s_a}\right) - 2E_b F_b\left(1 + \frac{t_b}{\omega_b} - \frac{b}{s_b}\right)\frac{s_a}{s_b} + Y = 0,$$

und es ergibt sich, wenn der Wert für *b* eingesetzt worden ist,

$$a = \frac{-Y + \dfrac{E_a F_a}{s_a}s_a\left(1 + \dfrac{t_a}{\omega_a}\right) + 2\dfrac{s_a^2}{s_b^2}\dfrac{E_b F_b}{s_b}\left\{e + s_a + \dfrac{s_b}{s_a}\dfrac{s_b}{\omega_b}t_b\right\}}{\dfrac{E_a F_a}{s_a} + 2\dfrac{s_a^2}{s_b^2}\dfrac{E_b F_b}{s_b}}.$$

Wird dieses Resultat in die Gleichung für S_a eingeführt, so findet man schließlich

$$S_a = \frac{+Y - \left\{e - \dfrac{s_a}{\omega_a}t_a + \dfrac{s_b}{s_a}\dfrac{s_b}{\omega_b}t_b\right\}2\dfrac{s_a^2}{s_b^2}\dfrac{E_b F_b}{s_b}}{1 + 2\dfrac{s_a^3}{s_b^3}\dfrac{E_b F_b}{E_a F_a}}.$$

Ich erinnere daran, daß die Voraussetzung der Fig. 16 nicht notwendig war, die drei Stäbe hätten ebenso gut auf gewisse Zustände P_a; τ_a und $(P_b; \tau_b) = (P_c; \tau_c)$ gebracht und dann im Scheitel verbolzt worden sein können.

XXII. Abschnitt.

Sollte im allgemeinen Falle das Material der Stäbe, welche zu dem Stabsystem zusammengesetzt sind, nicht dem linearen Federungsgesetze

$$\sigma = \frac{S}{F} = E \cdot \varepsilon$$

folgen, sondern dem allgemeineren in Fig. 18 dargestellten

$$\sigma = \frac{S}{F} = \Phi(\varepsilon) \,,$$

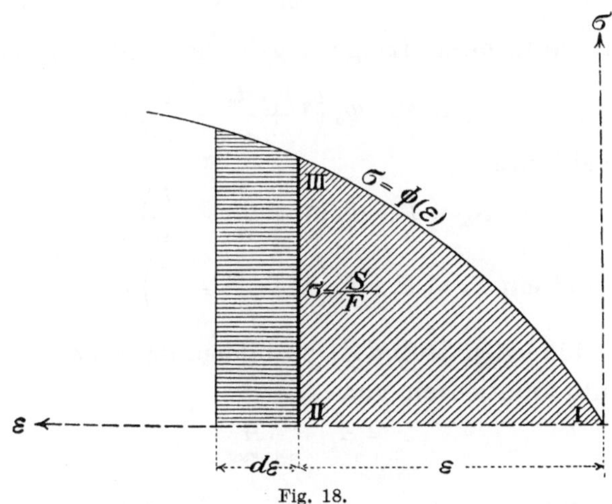

Fig. 18.

worin Φ ein Funktionszeichen ist, so wäre in den bisherigen Formeln — sofern vollkommen zurückgehende Federung vorliegt —

$$\Sigma \frac{s}{EF} \frac{S^2}{2}$$

zu ersetzen durch

$$\Sigma A_i \,,$$

wenn

$$A_i = \int_0^\varepsilon S \cdot d(\varepsilon s) = \int_0^\varepsilon (\sigma F)(s \cdot d\varepsilon)$$

$$= sF \int_0^\varepsilon \sigma \cdot d\varepsilon$$

bedeutet. Es ist in Fig. 18

$$\int_0^\varepsilon \sigma \cdot d\varepsilon = \text{Fläche (I; II; III; I)} ;$$

wie man aber sehen wird, liegt ein Bedürfnis gar nicht vor, die Integralwerte A_i wirklich auszurechnen.

Wenn die verformte Länge eines Stabes

$$a = s + \frac{s}{\omega} t - \varepsilon s$$

ist, so ist

$$\varepsilon = 1 + \frac{t}{\omega} - \frac{a}{s} ,$$

und die zur verformten Länge a gehörige Stabkraft ist

$$S_a = F_a \cdot \varPhi_a \left(1 + \frac{t_a}{\omega_a} - \frac{a}{s_a}\right) .$$

Entsprechend wäre

$$\text{ein } S_b = F_b \cdot \varPhi_b \left(1 + \frac{t_b}{\omega_b} - \frac{b}{s_b}\right)$$

$$\text{und ein } S_c = F_c \cdot \varPhi_c \left(1 + \frac{t_c}{\omega_c} - \frac{c}{s_c}\right) .$$

Nun ist für jeden Stab dA_i zu bilden, da es darauf ankommt, die Differentialquotienten von

$$\underset{\substack{\text{aller } m \\ \text{Stäbe}}}{\varSigma A_i} + \underset{\text{geleistet}}{\varDelta A}$$

nach allen willkürlich Veränderlichen a zu bilden.

Es ist aber

$$dA_i = S\,(s \cdot d\varepsilon)$$

also $s\,F$ mal die in Fig. 18 horizontal schraffierte Fläche.

Da für einen Stab der Gruppe a

$$\varepsilon_a = 1 + \frac{t_a}{\omega_a} - \frac{a}{s_a}$$

ist, so ist

$$d\varepsilon_a = -\frac{da}{s_a} ,$$

also ist für einen Stab dieser Gruppe

$$dA_i = -S \cdot da = -F_a \cdot \varPhi_a \left(1 + \frac{t_a}{\omega_a} - \frac{a}{s_a}\right) \cdot da .$$

Für einen Stab der Gruppe b wäre, weil jedes b als Funktion aller a zu denken ist,

$$dA_i = -F_b \cdot \Phi_b \left(1 + \frac{t_b}{\omega_b} - \frac{b}{s_b}\right)\left(\frac{\partial b}{\partial a_1} da_1 + \frac{\partial b}{\partial a_2} da_2 + \text{usw.}\right).$$

Eine dieser letzten entsprechende Formel wäre für jeden Stab der Gruppe c anzuschreiben.

Die Verschiebungen $d\lambda$ der gegebenen Lasten Q hängen nach rein geometrischen Gesetzen von den Längenänderungen

$$da ; \qquad \frac{\partial b}{\partial a} da \qquad \text{und} \qquad \frac{\partial c}{\partial a} da$$

der Seiten der aneinander gereihten Dreiecke ab.

Ein prinzipieller Unterschied ist zwischen linearer und nicht-linearer Federung nicht vorhanden, wenn beide vollkommene Federung sind.

Schlußwort.

Die Darstellung der Weise, in welcher man für die Praxis sich die hier vorgeführten exakten Überlegungen dadurch vereinfachen kann, daß man nach ein für allemal festgelegten klaren Regeln der jeweiligen wirklichen Aufgabe eine fingierte Aufgabe unterschiebt, liegt nicht im Rahmen des mit dieser Abhandlung Beabsichtigten.